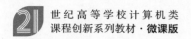

21 世纪高等学校计算机类
课程创新系列教材·微课版

网络通信原理实践

微课视频版

王伟明 金蓉 诸葛斌 高明 编著

清华大学出版社
北京

内 容 简 介

本教材是与中国大学 MOOC(爱课程)在线课程"网络通信原理实践"配套的教材,它针对网络通信领域技术的快速迭代更新,将最新网络技术融入相关人才培养的教学内容中,通过基础且典型的网络实践项目来帮助读者深入浅出地理解和实践最新高级网络通信技术原理,并在部分内容中融入前沿研究类技术知识。

全书共 16 章,以实践项目的形式展开,分为两大部分内容。第一部分(第 1～9 章)为传统网络技术。以一个园区网络的数字化转型为切入点,利用华为 eNSP 仿真平台,通过完成一系列华为路由交换项目,帮助读者掌握计算机网络基础知识,具有独立进行大、中、小型园区网络规划设计、部署和运维的能力。第二部分(第 10～16 章)为软件定义网络。以搭建一个软件定义网络为切入点,利用 Mininet 网络仿真工具、Open vSwitch 虚拟交换机、OpenDayLight 控制器,以及 OpenStack 云资源管理平台,通过完成一系列对网络进行软件定义和虚拟化的项目,帮助读者深入理解软件定义网络,掌握云网一体化基础,具有规划、配置新一代软件定义网络的能力。

本教材内容详尽明晰,难易适度,既可作为计算机和网络通信相关专业学生学习和网络技术人才培训的教材,也可作为网络工程师、网络用户和网络爱好者的参考书。

版权所有,侵权必究。举报: 010-62782989,beiqinquan@tup.tsinghua.edu.cn。

图书在版编目(CIP)数据

网络通信原理实践:微课视频版 / 王伟明等编著.
北京:清华大学出版社,2024.9. --(21世纪高等学校计算机类课程创新系列教材:微课版). -- ISBN 978-7-302-67230-2

Ⅰ. TN915

中国国家版本馆 CIP 数据核字第 2024CM8503 号

责任编辑: 黄 芝 薛 阳
封面设计: 刘 键
责任校对: 韩天竹
责任印制: 宋 林

出版发行: 清华大学出版社
网　　址: https://www.tup.com.cn, https://www.wqxuetang.com
地　　址: 北京清华大学学研大厦 A 座
邮　　编: 100084
社 总 机: 010-83470000
邮　　购: 010-62786544
投稿与读者服务: 010-62776969, c-service@tup.tsinghua.edu.cn
质量反馈: 010-62772015, zhiliang@tup.tsinghua.edu.cn
课件下载: https://www.tup.com.cn, 010-83470236

印 装 者: 三河市人民印务有限公司
经　　销: 全国新华书店
开　　本: 185mm×260mm
印　　张: 14.25
字　　数: 347 千字
版　　次: 2024 年 9 月第 1 版
印　　次: 2024 年 9 月第 1 次印刷
印　　数: 1～1500
定　　价: 59.80 元

产品编号: 091089-01

本书编委会

主　编：王伟明　　金　蓉　　诸葛斌　　高　明
副主编：郑运强　　陈正宏　　董黎刚　　李传煌
　　　　蒋　献　　张子天

前言

党的二十大报告中强调，必须坚持科技是第一生产力、人才是第一资源、创新是第一动力，深入实施科教兴国战略、人才强国战略、创新驱动发展战略，开辟发展新领域新赛道，不断塑造发展新动能新优势。针对网络通信领域技术的快速迭代更新，需要我们将最新网络技术快速、及时地融入相关人才培养的教学内容中，加强相关教材建设，这对培养网络新技术人才至关重要。

网络技术人才培养具有很强的理论和实践密切结合的特点，相关课程教材必须具备"实战"特性，才能使学生快速、扎实地掌握技术知识点，达到网络技术人才培养的目标。随着数字化转型的深入，多元化的业务对网络提出了新的要求，网络架构也发生了本质的变化。为满足社会对新型网络人才的需求，适应当下网络从业人员能力模型的变化，网络通信人才的培养标准也发生了变化。例如，华为公司就结合自身多年数据通信产业引领者的经验，制定了一套数据通信人才培养标准。然而由于教材建设的相对滞后，面向新型网络通信技术人才培养的实践类图书仍然非常欠缺。本教材配套了中国大学 MOOC(爱课程)在线视频课程"网络通信原理实践"、依托阿里云的云起实验室平台搭建一站式实验环境，希望能弥补该方面的欠缺，尝试为网络实践课程建设探索一条新路，提升教学效果。

本教材相关教学工作已荣获浙江省优秀研究生课程、浙江省普通本科高校"十四五"首批新工科、新医科、新农科、新文科重点教材建设项目和浙江工商大学研究生教育改革项目(YJG2020301)资助。本教材由浙江工商大学互联网技术/教学实验室(ITL)长期从事计算机网络和通信技术研究和教学的教师及研究生团队支持完成。

本教材由王伟明、金蓉、诸葛斌、高明共同编写，韩祎、邵瑜、张彬鑫、王林超、宋杨、陈正宏、任倩烨、邹俊豪、谢大为、郑运强等对教材实践项目内容进行了多轮的修改，完善教材课件，搭建验证实验环境，录制实验视频等，为本教材的出版做出了重要贡献。本教研团队人员董黎刚、李传煌、吴晓春、周静静、蒋献和张子天等在软件定义网络领域的研讨对本教材有重要帮助。阿里云为本课程提供了优秀的云起实验室平台，让课程的实验环境得以部署并服务于广大读者。清华大学出版社在出版过程中给予了大力的支持与帮助。以上，一并表示衷心感谢。

限于编者水平限制，书中难免有疏漏之处，敬请读者批评指正。

编　者

2024.5

目 录

下载实验文件

第一部分 传统网络技术

第1章 绪论 ······ 3

1.1 互联网发展历程 ······ 3
1.2 传统网络架构 ······ 5
1.3 软件定义网络架构 ······ 6
1.4 项目实验环境介绍 ······ 8

第2章 交换机基本配置项目 ······ 11

2.1 交换机工作原理 ······ 11
2.2 子项目1：CLI的使用及基本命令 ······ 12
    2.2.1 项目目的 ······ 12
    2.2.2 项目设备 ······ 12
    2.2.3 项目步骤 ······ 12
2.3 子项目2：配置交换机支持Telnet ······ 13
    2.3.1 项目目的 ······ 13
    2.3.2 项目背景 ······ 13
    2.3.3 项目功能 ······ 13
    2.3.4 项目任务 ······ 13
    2.3.5 项目步骤 ······ 14
2.4 子项目3：利用FTP管理交换机配置 ······ 16
    2.4.1 项目目的 ······ 16
    2.4.2 项目背景 ······ 16
    2.4.3 项目功能 ······ 16
    2.4.4 项目任务 ······ 16
    2.4.5 项目步骤 ······ 16
习题 ······ 19

第3章 生成树STP项目 ······ 21

3.1 STP简介 ······ 21
3.2 子项目1：STP配置 ······ 21
    3.2.1 项目目的 ······ 21
    3.2.2 项目背景 ······ 21

	3.2.3 项目任务	21
	3.2.4 项目步骤	22
3.3	子项目2：RSTP 配置	24
	3.3.1 项目目的	24
	3.3.2 项目背景	24
	3.3.3 项目功能	24
	3.3.4 项目任务	25
	3.3.5 项目步骤	25
习题		25

第 4 章 静态路由配置项目 … 27

4.1	路由基础	27
4.2	静态路由基础	27
4.3	子项目1：配置静态路由和默认路由	27
	4.3.1 项目目的	27
	4.3.2 项目背景	28
	4.3.3 项目任务	28
	4.3.4 项目步骤	28
习题		36

第 5 章 OSPF 路由协议项目 … 37

5.1	OSPF 概述	37
5.2	子项目1：单区域 OSPF	38
	5.2.1 项目目的	38
	5.2.2 项目背景	39
	5.2.3 项目功能	39
	5.2.4 项目任务	39
	5.2.5 项目步骤	39
5.3	子项目2：多区域 OSPF	41
	5.3.1 项目目的	41
	5.3.2 项目背景	41
	5.3.3 项目任务	42
	5.3.4 项目步骤	42
习题		45

第 6 章 虚拟局域网 VLAN 项目 … 46

6.1	VLAN 简介	46
6.2	VLAN 间路由简介	47
6.3	子项目1：划分 VLAN	48

　　　　6.3.1　项目目的 …………………………………………………………………… 48
　　　　6.3.2　项目背景 …………………………………………………………………… 48
　　　　6.3.3　项目功能 …………………………………………………………………… 48
　　　　6.3.4　项目任务 …………………………………………………………………… 48
　　　　6.3.5　项目步骤 …………………………………………………………………… 48
　　6.4　子项目 2：Trunk 配置 ………………………………………………………………… 49
　　　　6.4.1　项目目的 …………………………………………………………………… 49
　　　　6.4.2　项目背景 …………………………………………………………………… 49
　　　　6.4.3　项目功能 …………………………………………………………………… 50
　　　　6.4.4　项目任务 …………………………………………………………………… 50
　　　　6.4.5　项目步骤 …………………………………………………………………… 50
　　6.5　子项目 3：单臂路由实现 VLAN 间通信 …………………………………………… 51
　　　　6.5.1　项目目的 …………………………………………………………………… 51
　　　　6.5.2　项目背景 …………………………………………………………………… 51
　　　　6.5.3　项目功能 …………………………………………………………………… 51
　　　　6.5.4　项目任务 …………………………………………………………………… 51
　　　　6.5.5　项目步骤 …………………………………………………………………… 51
　　6.6　子项目 4：三层交换机实现 VLAN 间通信 ………………………………………… 53
　　　　6.6.1　项目目的 …………………………………………………………………… 53
　　　　6.6.2　项目背景 …………………………………………………………………… 53
　　　　6.6.3　项目功能 …………………………………………………………………… 53
　　　　6.6.4　项目任务 …………………………………………………………………… 53
　　　　6.6.5　项目步骤 …………………………………………………………………… 53
　　习题 …………………………………………………………………………………………… 55

第 7 章　广域网链路 PPP 项目 …………………………………………………………………… 56

　　7.1　概述 …………………………………………………………………………………… 56
　　7.2　子项目 1：HDLC 封装 ……………………………………………………………… 58
　　　　7.2.1　项目目的 …………………………………………………………………… 58
　　　　7.2.2　项目背景 …………………………………………………………………… 58
　　　　7.2.3　项目功能 …………………………………………………………………… 58
　　　　7.2.4　项目任务 …………………………………………………………………… 58
　　　　7.2.5　项目步骤 …………………………………………………………………… 58
　　7.3　子项目 2：PPP+PAP 认证 ………………………………………………………… 60
　　　　7.3.1　项目目的 …………………………………………………………………… 60
　　　　7.3.2　项目背景 …………………………………………………………………… 60
　　　　7.3.3　项目功能 …………………………………………………………………… 60
　　　　7.3.4　项目任务 …………………………………………………………………… 60
　　　　7.3.5　项目步骤 …………………………………………………………………… 60

7.4 子项目3：PPP+CHAP认证 ………………………………………………………… 61
　　7.4.1 项目目的 ……………………………………………………………………… 61
　　7.4.2 项目背景 ……………………………………………………………………… 62
　　7.4.3 项目功能 ……………………………………………………………………… 62
　　7.4.4 项目任务 ……………………………………………………………………… 62
　　7.4.5 项目步骤 ……………………………………………………………………… 62
习题 …………………………………………………………………………………………… 64

第8章 ACL项目

8.1 ACL概述 ……………………………………………………………………………… 65
8.2 子项目1：基本ACL ………………………………………………………………… 65
　　8.2.1 项目目的 ……………………………………………………………………… 65
　　8.2.2 项目背景 ……………………………………………………………………… 66
　　8.2.3 项目功能 ……………………………………………………………………… 66
　　8.2.4 项目任务 ……………………………………………………………………… 66
　　8.2.5 项目步骤 ……………………………………………………………………… 66
8.3 子项目2：高级ACL ………………………………………………………………… 68
　　8.3.1 项目目的 ……………………………………………………………………… 68
　　8.3.2 项目背景 ……………………………………………………………………… 68
　　8.3.3 项目功能 ……………………………………………………………………… 68
　　8.3.4 项目任务 ……………………………………………………………………… 68
　　8.3.5 项目步骤 ……………………………………………………………………… 68
习题 …………………………………………………………………………………………… 71

第9章 NAT项目

9.1 NAT概述 ……………………………………………………………………………… 72
9.2 子项目1：动态NAT ………………………………………………………………… 73
　　9.2.1 项目目的 ……………………………………………………………………… 73
　　9.2.2 项目背景 ……………………………………………………………………… 73
　　9.2.3 项目功能 ……………………………………………………………………… 73
　　9.2.4 项目任务 ……………………………………………………………………… 73
　　9.2.5 项目步骤 ……………………………………………………………………… 73
9.3 子项目2：Easy IP …………………………………………………………………… 75
　　9.3.1 项目目的 ……………………………………………………………………… 75
　　9.3.2 项目背景 ……………………………………………………………………… 75
　　9.3.3 项目功能 ……………………………………………………………………… 75
　　9.3.4 项目任务 ……………………………………………………………………… 75
　　9.3.5 项目步骤 ……………………………………………………………………… 75
习题 …………………………………………………………………………………………… 77

第二部分　软件定义网络

第 10 章　SDN 环境搭建 ··· 81

- 10.1　SDN 概述 ·· 81
- 10.2　子项目 1：VMware Workstation 和 Ubuntu 的安装 ································· 82
  - 10.2.1　项目目的 ·· 82
  - 10.2.2　项目原理 ·· 82
  - 10.2.3　项目任务 ·· 82
  - 10.2.4　项目步骤 ·· 82
- 10.3　子项目 2：SDN 环境搭建 ··· 85
  - 10.3.1　项目目的 ·· 85
  - 10.3.2　项目原理 ·· 85
  - 10.3.3　项目任务 ·· 85
  - 10.3.4　项目步骤 ·· 85
- 习题 ··· 94

第 11 章　Mininet 创建 SDN 实战 ··· 95

- 11.1　Mininet 常用命令 ··· 95
- 11.2　子项目 1：用 Mininet 命令行创建网络拓扑 ··· 95
  - 11.2.1　项目目的 ·· 95
  - 11.2.2　项目原理 ·· 95
  - 11.2.3　项目任务 ·· 96
  - 11.2.4　项目步骤 ·· 96
- 11.3　子项目 2：用 MiniEdit 图形化创建网络拓扑 ·· 99
  - 11.3.1　项目目的 ·· 99
  - 11.3.2　项目原理 ·· 99
  - 11.3.3　项目任务 ·· 99
  - 11.3.4　项目步骤 ·· 99
- 11.4　子项目 3：用 Mininet 脚本创建网络拓扑 ·· 104
  - 11.4.1　项目目的 ·· 104
  - 11.4.2　项目原理 ·· 104
  - 11.4.3　项目任务 ·· 104
  - 11.4.4　项目步骤 ·· 104
- 习题 ··· 107

第 12 章　Open vSwitch 交换机实战 ··· 108

- 12.1　OpenFlow 概述 ·· 108
  - 12.1.1　OpenFlow 交换机的组成 ··· 108
  - 12.1.2　OpenFlow 流表 ·· 109

12.1.3　OpenFlow 1.3 流表的流水线处理 ················ 110
　12.2　子项目1：Open vSwitch 的 ovs-vsctl 命令实战 ················ 110
　　　12.2.1　项目目的 ················ 111
　　　12.2.2　项目原理 ················ 111
　　　12.2.3　项目任务 ················ 111
　　　12.2.4　项目步骤 ················ 112
　12.3　子项目2：Open vSwitch 的 ovs-ofctl 命令实战 ················ 114
　　　12.3.1　项目目的 ················ 114
　　　12.3.2　项目原理 ················ 114
　　　12.3.3　项目任务 ················ 115
　　　12.3.4　项目步骤 ················ 115
　习题 ················ 118

第13章　OpenFlow 流表实战 ················ 120

　13.1　子项目1：搭建 SDN ················ 120
　　　13.1.1　项目目的 ················ 120
　　　13.1.2　项目原理 ················ 120
　　　13.1.3　项目任务 ················ 120
　　　13.1.4　项目步骤 ················ 120
　13.2　子项目2：OpenFlow 协议分析 ················ 123
　　　13.2.1　项目目的 ················ 123
　　　13.2.2　项目原理 ················ 123
　　　13.2.3　项目任务 ················ 123
　　　13.2.4　项目步骤 ················ 123
　13.3　子项目3：OvS 交换机本地方式配置流表 ················ 127
　　　13.3.1　项目目的 ················ 127
　　　13.3.2　项目原理 ················ 127
　　　13.3.3　项目任务 ················ 127
　　　13.3.4　项目步骤 ················ 128
　13.4　子项目4：通过 OpenDayLight 的 Yang UI 远程配置流表 ················ 130
　　　13.4.1　项目目的 ················ 130
　　　13.4.2　项目原理 ················ 130
　　　13.4.3　项目任务 ················ 130
　　　13.4.4　项目步骤 ················ 130
　习题 ················ 136

第14章　网络虚拟化 VXLAN 实战 ················ 137

　14.1　VXLAN 概述 ················ 137
　　　14.1.1　云数据中心业务对大二层网络的需求 ················ 137

	14.1.2	VXLAN 技术优势	137
	14.1.3	VXLAN 封装	138
14.2	子项目 1：OvS 交换机本地方式配置 VXLAN 隧道		138
	14.2.1	项目目的	138
	14.2.2	项目原理	139
	14.2.3	项目任务	139
	14.2.4	项目步骤	139
14.3	子项目 2：通过 Postman 和 OpenDayLight 远程配置 VXLAN 隧道		142
	14.3.1	项目目的	142
	14.3.2	项目原理	142
	14.3.3	项目任务	142
	14.3.4	项目步骤	144
习题			154

第 15 章　流表进阶之计量表和组表实战　156

15.1	子项目 1：安装 Open vSwitch 2.8.1		156
	15.1.1	项目目的	156
	15.1.2	项目原理	156
	15.1.3	项目任务	156
	15.1.4	项目步骤	156
15.2	子项目 2：OpenFlow 高级功能之计量表实战		160
	15.2.1	项目目的	160
	15.2.2	项目原理	160
	15.2.3	项目任务	161
	15.2.4	项目步骤	161
15.3	子项目 3：OpenFlow 高级功能之组表实战		166
	15.3.1	项目目的	166
	15.3.2	项目原理	166
	15.3.3	项目任务	167
	15.3.4	项目步骤	167
习题			170

第 16 章　云网一体化实战　171

16.1	子项目 1：搭建支撑环境		171
	16.1.1	项目目的	171
	16.1.2	项目原理	171
	16.1.3	项目任务	171
	16.1.4	项目步骤	172
16.2	子项目 2：OpenStack 和 OpenDayLight 对接的实现		178

  16.2.1　项目目的 …………………………………………………………… 178
  16.2.2　项目原理 …………………………………………………………… 178
  16.2.3　项目任务 …………………………………………………………… 179
  16.2.4　项目步骤 …………………………………………………………… 179
 16.3　子项目3：云网一体化测试 ………………………………………………… 185
  16.3.1　项目目的 …………………………………………………………… 185
  16.3.2　项目原理 …………………………………………………………… 185
  16.3.3　项目任务 …………………………………………………………… 186
  16.3.4　项目步骤 …………………………………………………………… 186
 习题 ………………………………………………………………………………… 189

附录 A　园区网架构与实践 ……………………………………………………… 191

结语 ………………………………………………………………………………… 210

参考文献 …………………………………………………………………………… 211

第一部分 传统网络技术

绪 论

在线习题

自从 20 世纪 90 年代以来，以互联网为代表的计算机网络飞速发展，已从最初的教育科研网络逐步发展成为商业网络，并已成为仅次于全球电话网的世界第二大网络。互联网正在改变着人们工作和生活的各个方面，加速了全球信息革命的进程。

1.1 互联网发展历程

互联网是人类自印刷术发明以来在通信方面最大的变革。现在，人们的生活、工作、学习和交往都已离不开互联网了。计算机网络的发展主要经历了以下 4 个阶段。

第一阶段：20 世纪 60 年代末到 20 世纪 70 年代初为计算机网络发展的萌芽阶段。其主要特征是：为了增加系统的计算能力和资源共享，把小型计算机连成实验性的网络。第一个远程分组交换网叫 ARPANET，是由美国国防部于 1969 年建成的，第一次实现了由通信网络和资源网络复合构成计算机网络系统。这标志着计算机网络的真正产生，ARPANET 是这一阶段的典型代表。

第二阶段：20 世纪 70 年代中后期是局域网（LAN）的形成阶段。其主要特征为：局域网作为一种新型的计算机体系结构开始进入产业部门。局域网技术是从远程分组交换通信网络和 I/O 总线结构计算机系统派生出来的。美国 Xerox 公司的 Palo Alto 研究中心推出以太网（Ethernet），它成功地采用了夏威夷大学 ALOHA 无线电网络系统的基本原理，使之发展成为第一个总线竞争式局域网络。英国剑桥大学计算机研究所开发了著名的剑桥环局域网（Cambridge Ring）。这些网络的成功实现，一方面标志着局域网络的产生；另一方面，它们形成的以太网及环网对以后局域网络的发展起到导航的作用。

第三阶段：整个 20 世纪 80 年代是局域网的发展阶段。其主要特征是：局域网络完全从硬件上实现了 ISO 的开放系统互连通信模式协议的能力。计算机局域网及其互联产品的集成，使得局域网与局域网互联、局域网与各类主机互联，以及局域网与广域网互联的技术越来越成熟。综合业务数据通信网络（ISDN）和智能化网络（IN）的发展，标志着局域网络的飞速发展。

第四阶段：20 世纪 90 年代初至现在是计算机网络飞速发展的阶段。其主要特征是：计算机网络化，协同计算能力发展以及全球互联网络的盛行。

计算机的发展已经完全与网络融为一体，体现了"网络就是计算机"的口号。目前，计算机网络已经真正进入社会各行各业，为社会各行各业所采用。另外，虚拟网络 FDDI 及

ATM技术的应用,使网络技术蓬勃发展并迅速走向市场,走进平民百姓的生活。

然而,目前传统网络的架构是垂直整合的,它从一开始就是一个分布式的网络。同时从网络设备层面看,网络设备中控制平面与转发平面的高度黏合使得网络的灵活度大大降低,也就是说,网络设备不能像计算机一样其软件和硬件可以相对分开发展,而是高度捆绑不可分离的,这些都使网络技术的创新和发展受到极大的阻碍。虽然在十几年前就开始了IPv4到IPv6的转变,但实际上IPv6仅仅代表了协议的更新,对网络的创新和发展来说微不足道。并且,由于当前网络架构不灵活,各大网络厂商生产的网络设备类型众多且杂乱,仅部署一项新的路由协议可能就要花费好几年甚至十几年的时间,而且消耗巨大。为了解决上述问题,可编程网络的概念应运而生,为网络技术的创新与发展提供了新的思路和机遇。OpenSig(1996年)、Active Networks(1996年)、IEEE1520(1998年)、ForCES(2002年)均是这方面研究的最早开拓者;国际上也出现了大量对后IP时代的新型网络基本体系结构及关键技术的研究,比较典型的如美国NSF资助的GENI(Global Environment for Network Innovation)计划、FIND(Future Internet Network Design)计划、欧盟FP7下一代网络计划,以及ITU-T的NGN计划、日本的AKARI计划、韩国的下一代网络BCN(Broadband Convergence Network)计划、中国科技部863计划"新一代高可信网络"等。这些研究计划试图以革新或演变方式改变已有网络系统设计,以期望实现对新一代网络的各种新的需求。

从2002年开始,IETF ForCES工作组一直致力于基于转发与控制分离技术的开放可编程网络的研究和相关标准制定工作,基于ForCES的路由器等网络设备对构建一个全网范围内的开放可编程网络有较好的支持,但由于IETF ForCES工作组一直将其技术定义在一个网络设备结点内,所以ForCES技术未被推广到类似云计算网络的虚拟化应用之中,限制了其在业界的关注和影响。

本教材作者所在的研究团队从2001年开始即在开放可编程网络方面进行了深入的研究,团队尤其在IETF ForCES技术研究、标准制定和技术实现方面都取得了重要的研究成果,其中制定完成了多项有关开放可编程网络的转发与控制分离技术的RFC协议标准(RFC 5810、RFC 6956、RFC 6984、RFC 6053、RFC 7121)。本教材作者所在团队在新一代网络技术尤其在开放架构网络以及后续发展的软件定义网络技术方面具有长期的研究和教学工作基础。

2007年开始,美国自然科学基金GENI项目支持的以OpenFlow技术为核心的斯坦福大学"GENI Enterprise"计划,大大推进了开放可编程网络技术的影响力,OpenFlow技术通过定义并开放网络转发流表控制,提供给用户动态编程能力,进而可初步提供一个开放可编程通信网络功能。

基于以上技术趋势和应用需求,ONF(Open Networking Foundation)在2010年提出了软件定义网络(Software Defined Networking,SDN)的概念。SDN基本内涵就是一个开放可编程网络,该网络通过软件定义(或软件驱动)方式就可实现网络资源的动态管理,基于此用户可通过编程动态构建各种特性的数据转发网络,以实现各类网络对各种应用的承载需求,进而便于用户实现类似虚拟化数据中心网络等新型应用。因此,SDN一经推出就受到了特别关注,甚至被视为未来网络的最终解决方案。

在SDN技术迅速发展过程中,以网络运营商与IT产业为主的ONF组织是主要的推动者,ONF不定期地发布技术报告与技术白皮书,制定相关的标准规范并进行组织测试。

另一方面,来自通信设备商和通信服务运营商的配合也不可或缺,设备厂商和运营商希望利用 SDN 获得 API,对网络设备进行控制,针对 IDC 和云端应用服务进行 SDN 的部署,同时也在寻找 SDN 在云端网络和通信网络未来的应用发展方向,期望使用者得以获得最佳服务层级的行为。

SDN 的本质是网络软件化,提升网络可编程能力,是一次网络架构的重构,而不是一种新特性、新功能。网络运营商和企业可以通过自己编写的软件轻松地决定网络功能。SDN 可以让它们在灵活性、敏捷性以及虚拟化等方面更具主动性。通过 OpenFlow 的转发指令集将网络控制功能集中,网络可以被虚拟化,并被当成一种逻辑上的资源,而非物理资源加以控制和管理。

长期以来,通过命令行接口进行人工配置,一直在阻碍网络向虚拟化迈进,并且它还导致了运营成本高昂、网络升级时间较长无法满足业务需求、容易发生错误等问题。SDN 使得一般的编程人员在通用服务器的通用操作系统上,利用通用的软件就能定义网络功能,让网络可编程化。SDN 带来巨大的市场机遇,因为它可以满足不同客户需求、提供高度定制化的解决方案。这就使网络运营建立在开放软件的基础上,不需要依靠设备提供商的特定硬件和软件才能增设新功能。

随着互联网、政府、教育、医疗、制造等行业 IT 基础架构的变革,以及智慧城市、智能制造、智慧校园等重点工程的推进,用户对园区网络中 SDN 解决方案的应用部署将成为最近一年内 SDN 最重要的应用场景;从中期发展来看,随着我国企业数字化转型和各行业互联网+战略的推进,网络扁平化、智能化趋势日益明显,用户对广域网的应用部署、运维管理以及安全可控的要求越来越高,因此,广域网将逐渐上升为仅次于园区网的 SDN 重要部署场景之一;从远期来看,随着物联网技术的进一步发展,以及中国政府推动物联网技术在工业、农业等各领域应用的深入,进一步推动了广域网场景对 SDN 的需求,同时,边缘计算场景中 SDN 应用也将不断提升,未来我国 SDN(软件+服务)市场将继续保持高速增长,给网络带来了前所未有的"开放可编程"和"细粒度控制"能力,使得大规模高效率的网络管理、复杂网络的精细控制成为现实。

1.2 传统网络架构

随着计算机技术在社会各个层次的普及,其影响力已经渗透到了人们生活的方方面面。网络技术作为计算机技术相伴而生的产物,已经逐渐开始为人们所认识和重视,各个领域都开始广泛地运用这项技术。大到集团企业、政府机关,小到学校的多媒体教室、机房,局域网几乎无处不在。三层网络架构起源于园区网络,如图 1.1 所示,通常包含以下三层。

接入层:主要负责物理机和虚拟机的接入、VLAN 的标记,以及流量的二层转发。

汇聚层:汇集交换机连接接入交换机,同时提供其他服务,例如,安全、QoS、网络分析等。在传统的三层架构中,汇聚交换机往往会承担网关的作用,负责收集一个 PoD(Point of Delivery,分发点)内的路由。

核心层:核心交换机主要负责对数据中心的流量进行高速转发,同时为多个汇聚层提供连接性。

那么要如何才能搭建一个完整的园区网络系统呢?设计搭建一个网络系统需要哪些知

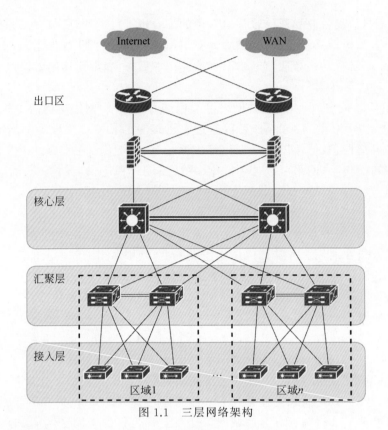

图 1.1 三层网络架构

识和技术呢？本部分将会从最基础的路由交换技术讲起，最终使读者能够自己动手搭建一个中大规模园区网。

本书第一部分共 8 个项目，涵盖 3 个交换技术项目和 5 个路由技术项目。第 2 章介绍 VPR 基础，学习交换机基础配置；第 3 章实战交换机的生成树协议(STP)，以避免环路；第 4 章掌握路由器的手动静态路由配置方法；第 5 章是核心的路由技术项目，学习最主流的域内路由协议 OSPF，包含单区域和多区域 OSPF 配置方法；第 6 章是核心的交换技术项目，学习 VLAN 相关技术，包含划分 VLAN 和 VLAN 间通信。前 6 章关注园区网内部网络，从第 7 章开始关注园区网的出口网络，对此第 7 章介绍广域网数据链路层协议的代表 PPP；第 8 章实战访问控制列表 ACL；第 9 章实战网络地址转换 NAT。

经过这 8 个项目的学习，读者可以设计、架构、配置和管理一个大型的园区网了。教材最后的附录，附上了架构和配置一个大型三层架构园区网的项目，有兴趣的读者可以实战检验第一部分的路由交换技术。第一部分使用华为 eNSP 网络仿真工具，此软件可以免费下载安装。

1.3 软件定义网络架构

软件定义网络(Software Defined Network，SDN)是一种新型的网络架构，它的设计理念是将网络的控制平面与数据转发平面进行分离，从而通过集中的控制器中的软件平台去实现可编程化控制底层硬件，实现对网络资源灵活的按需调配。其核心技术 OpenFlow 通过将网络设备控制面与数据面分离开来,从而实现了网络流量的灵活控制,为核心网络及应用的创新提供了良好的平台。在 SDN 中,网络设备只负责单纯的数据转发,可以采用通用的硬件;而原来负责控制的操作系统将提炼为独立的网络操作系统,负责对不同业务特性进行适配,而且网络操作系统和业务特性以及硬件设备之间的通信都可以通过编程实现。

与传统网络相比,SDN 的基本特征有以下三点。

(1) 控制与转发分离。转发平面由受控转发的设备组成,转发方式以及业务逻辑由运行在分离出去的控制面上的控制应用所控制。

(2) 控制平面与转发平面之间的开放接口。SDN 为控制平面提供开放可编程接口。通过这种方式,控制应用只需要关注自身逻辑,而不需要关注底层更多的实现细节。

(3) 逻辑上的集中控制。逻辑上集中的控制平面可以控制多个转发面设备,也就是控制整个物理网络,因而可以获得全局的网络状态视图,并根据该全局网络状态视图实现对网络的优化控制。

目前,SDN 在数据中心网络应用较多。数据中心网络大多采用云网一体化架构。云网一体化从云提供商的角度看,就是将云进行网络化。传统的数据中心网络架构也是采用本教材第一部分介绍的三层网络架构的。近年来,随着云计算、大数据等分布式技术在数据中心大规模部署后,数据中心网络采用了大二层网络架构,大二层网络架构是指资源池化为逻辑的大二层网络架构,如图 1.2 中的 Fabric 网络部分所示,由 Spine 交换机和 Leaf 交换机两层组成,两层之间采用全连接。资源池化后,虚拟机管理迁移等需求使得数据中心内二层的东西向流量大量增长。因此,数据中心组网也出现了很多新的网络技术,例如,TRILL(多链接透明互联)、SPB(最短路径桥接)等通过路由计算实现的大二层组网技术、VXLAN、NvGRE 等 Overlay 技术。随着虚拟化数据中心规模的扩大,基于 VXLAN 的大二层网络架构成为主要部署方案,网络结构也趋向扁平化,在接入交换机和核心交换机之间 full-mesh 连接,三层路由应用于二层多路径,构建大二层网络。该架构主要面向计算资源虚拟化以及存储网络和 IP 网络融合的资源池,可承载上千台服务器。

数据中心内网络设备规模大,对自动化部署的要求高。在云资源池内引入 SDN 技术,通过部署云管平台、SDN 控制器等,提供数据中心云网络自动开通、灵活部署、智能管控等能力。基于 SDN 的云数据中心网络方案能够满足虚拟化、自动化、灵活性和扩展性等要求,符合云数据中心网络的发展趋势。SDN 控制器可实现对 SDN TOR 交换机、SDN 网关、vSwitch 等转发设备的统一管控,实现对网络资源的灵活调度。在部署方式上,SDN 控制器可以和 OpenStack Neutron 集成,如图 1.2 所示,通过云管平台统一管理云资源池内的计算、存储和网络资源。

第二部分基于新一代 SDN 网络技术,以云数据中心的大二层网络架构为切入点,共有 7 个项目。

第 10 章搭建 SDN(Software Defined Network,软件定义网络)环境,采用 Mininet 创建 SDN 网络拓扑,采用 Open vSwitch 作为 SDN 的转发平面,采用 OpenDayLight(ODL)作为 SDN 的控制平面。

第 11 章实战三种不同的方法在 Mininet 中创建 SDN 网络拓扑。

第 12 章实战 Open vSwitch,掌握 OvS 交换机和流表的增删配置方法。

基于第 10～12 章的储备,第 13 章实战 OpenFlow 流表,通过控制器对交换机的流表实

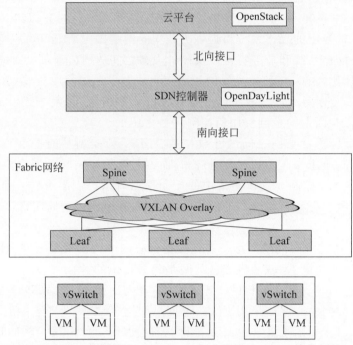

图 1.2　SDN 控制器和 OpenStack 集成部署的云网一体化架构

施增删操作,真正体现软件定义思想。

第 14 章实战大二层网络虚拟化技术 VXLAN,通过 SDN 控制器对 OvS 交换机实施 VXLAN 配置,实现支持云网一体化的大二层网络。

第 15 章探究流表的高级功能,包含基于计量表实现限速和基于组表实现组播和广播。

第 16 章实战 OpenDayLight 融合 OpenStack 架构,实现 SDN 与云平台 OpenStack 的对接,体现云数据中心网络的云网一体化。

经过这 7 章新一代网络技术 SDN 的项目学习,读者能架构、配置一个云网一体化的云数据中心网络。

第二部分 Mininet 创建 SDN 网络拓扑,采用 Open vSwitch 创建 SDN 交换机,采用 OpenDayLight 作为 SDN 控制器,采用 OpenStack 作为云平台,均可免费下载。

eNSP 介绍

1.4　项目实验环境介绍

本教材按照高级网络通信原理的相关技术内容,以实战项目的形式逐一进行教学和实践,分为传统网络和新一代网络的软件定义网络两大部分。本教材第一部分围绕传统网络展开,实战关键的路由交换技术。第二部分围绕新一代网络展开,实战关键的软件定义网络技术。将通过一系列网络项目来使各位读者体会到传统网络和新型网络的特点,使各位读者兼备网络基础理论和网络实操能力。

第一部分传统网络共 8 个实战项目(第 2~9 章),涵盖 3 个交换技术项目,5 个路由技术项目,具体包括交换机基本配置项目、生成树 STP 项目、静态路由配置项目、OSPF 路由协议项目、虚拟局域网 VLAN 项目、广域网链路 PPP 项目、ACL 项目、NAT 项目。经过这

8个项目的学习,希望读者可以有能力设计、架构、配置和管理一个中大型的园区网。第一部分使用华为 eNSP 网络仿真工具,此软件可以免费下载安装,使用户在没有真实设备的情况下能够模拟演练,学习网络技术。仿真平台上设备的配置命令与实际设备的配置命令完全一模一样。第二部分软件定义网络共有 7 个实战项目(第 10~16 章),其中,第 10 章 SDN 环境搭建,采用 Mininet 创建 SDN 网络拓扑,采用 Open vSwitch 作为 SDN 的转发平面,采用 OpenDayLight 作为 SDN 的控制平面。第 11 章实战 3 种不同的方法在 Mininet 中创建 SDN 网络拓扑。第 12 章实战 Open vSwitch,掌握 OvS 交换机和流表的增删配置方法。基于第 10~12 章的储备,第 13 章实战 OpenFlow 流表,通过控制器对交换机的流表实施增删操作,真正体现软件定义网络的思想。第 14 章实战网络虚拟化技术 VXLAN,通过 SDN 控制器对 OvS 交换机实施 VXLAN 配置,实现支持云网一体化的大二层网络。第 15 章探究流表的高级功能,包含基于计量表实现限速和基于组表实现组播和广播。第 16 章实战 OpenDayLight 融合 OpenStack 架构,实现 SDN 与云平台 OpenStack 的对接,体现云数据中心网络的云网一体化。

本教材的项目实验环境已搭建在阿里云的云起实验室平台,它提供一站式操作平台,读者无须进行项目环境的部署与配置,可大大提高学习效率。同时配套了所有项目实验的操作视频,读者可快速学习上手,通过项目实践深刻理解传统网络技术与新一代网络技术。本教材的项目可以通过 3 种方式进行操作,读者可以根据自己的学习基础进行选择。

方式 1,读者可根据自己的需求在本地独立搭建项目环境完成实践内容。

方式 2,教材向读者提供了所有项目的 3 套虚拟机镜像文件,分别是前 9 章包含 eNSP 仿真环境的 Windows 镜像,第 10~15 章面向 SDN 的 Ubuntu 镜像以及第 16 章针对 OpenStack 云资源管理平台的 CentOS 镜像,读者可通过本教材提供的百度网盘链接进行下载。

方式 3,作者所在团队在阿里云的云起实验室搭建了基于镜像的项目环境,无须读者安装系统和配置环境,登录后找到课程即可直接进行实践操作,方便快捷。

除此之外,为了实现快速交付和部署、高效的资源利用、轻松的迁移和扩展以及简单的更新管理,本教材还为项目创建了更加轻量级的虚拟化技术 Docker 容器的镜像,读者可直接在 Docker 的镜像库中拉取镜像(18358533962/sy_opendaylight、18358533962/sy_mininet)。

SDNLAB 网站是一个专注于软件定义网络的平台。网站致力于整合和推送 SDN 领域最新鲜全面的业界资讯、最专业深入的技术知识,搭建和营造灵活高效的在线实验环境,策划和组织线上、线下沙龙,汇聚和传播 SDN 领域创新的想法、优秀的产品以及宝贵的知识、经验和见解。SDNLAB 的 51OpenLab 实验平台提供了更为丰富的基于镜像的计算机网络实验,如果读者有进一步学习的需求可以自行体验。

表 1.1 列举了本教材对应的 4 个实践操作环境的优缺点,4 种操作平台各有利弊,希望读者们在了解各个平台的优缺点后根据自己的需求选择合适的实践平台。

表 1.1 不同实践环境操作效果的对比

操作平台	优 势	缺 点
本地虚拟机	资源加载速度快,基本不受网络、权限以及平台的影响,操作自由度高	需要自己配置环境,很大地占用了计算机资源

续表

操作平台	优　势	缺　点
阿里云主机	资源加载速度快,基本不受权限的影响,操作自由度高,对计算机资源占用较小	需要自己配置环境,会受到网络和平台的影响
云起实验室	资源环境搭建十分完整,极大地提高了实验效率,资源加载速度快,对本地计算机要求低,在实验平台的操作栏有完整的实验手册,参考方便	平台有体验次数上限,不支持需要改动网卡信息的实验,部分实验受限
51OpenLab	资源环境搭建完整,实验种类丰富,实验操作手册详细,拥有OpenStack等云平台的资源	平台资源加载速度较慢,容易受到权限与网络的影响,操作自由度较低

第 2 章 交换机基本配置项目

在线习题

2.1 交换机工作原理

理论讲解

交换机的概念其实最早来自传统的电话网络,1876 年,贝尔(Alexander Graham Bell)首次发明了电话,1965 年诞生了第一台程控交换机。从 1989 年第一台以太网交换机面世至今,经过 20 多年的快速发展,以太网交换机在转发性能上有了极大提升,端口速率从 10Mb/s 发展到了 100Gb/s,单台设备的交换容量也由几十 Mb/s 提升到了几十 Tb/s。凭借着"高性能、低成本"等优势,以太网交换机如今已经成为应用最为广泛的网络设备。

随着以太网的发展,以太网交换机也在持续演进。早期的以太网设备如集线器是物理层设备,不能隔绝冲突扩散,限制了网络性能的提高。交换机(网桥)作为一种能隔绝冲突的二层网络设备,极大地提高了以太网的性能。随着技术的发展,如今的交换机早已突破当年桥接设备的框架,不仅能完成二层转发,也能根据 IP 地址进行三层硬件转发,甚至还出现了工作在四层及更高层的交换机。

二层交换技术发展比较成熟,二层交换机属于数据链路层设备,可以识别数据包中的 MAC 地址信息,根据 MAC 地址进行转发,并将这些 MAC 地址与对应的端口记录在自己内部的内容寻址存储器(Context Address Memory,CAM)中。具体的工作流程如下。

(1) 当交换机从某个端口收到一个数据包时,它先读取包头中的源 MAC 地址,这样它就知道源 MAC 地址的机器是连在哪个端口上的。

(2) 再去读取包头中的目的 MAC 地址,并在地址表中查找相应的端口。

(3) 如表中有与这个目的 MAC 地址对应的端口,把数据包直接复制到这个端口上。

(4) 如表中找不到相应的端口则把数据包广播到所有端口上,当目的机器对源机器回应时,交换机又可以学习这一目的 MAC 地址与哪个端口对应,在下次传送数据时就不再需要对所有端口进行广播了。

不断地循环这个过程,对于全网的 MAC 地址信息都可以学习到,二层交换机就是这样建立和维护它自己的地址表的。

简单来说,交换机的工作原理用人来比喻就是:你(交换机)刚来到一个公司谁也不认识,这时同事 A(主机 A)让你把一个东西交给同事 B(主机 B),而你收到东西后却不知道谁是同事 B,这时候你就需要对着所有的同事叫出同事 B 的名字(MAC 地址),即对所有同事(主机)进行广播,所有同事听到名字后与自己的名字进行比对(MAC 地址进行比对),如果是一样的则回应你(交换机),不一样的则不理会你(即丢弃数据)。这时候你就知道了谁是同事 B 并且暂时记住他。

以太网交换机转发数据帧常有以下两种交换方式。

(1) 直通交换：提供线速处理能力，交换机只读出网络帧的前 14 字节（目的地址，源地址，类型号），便将网络帧传送到相应的端口上，如图 2.1 所示。

图 2.1　直通交换工作原理

(2) 存储转发：通过对网络帧的读取进行检错和控制，如图 2.2 所示。

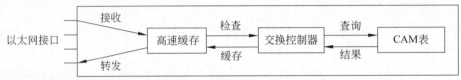

图 2.2　存储转发工作原理

前一种方法的交换速度非常快，但缺乏对网络帧进行更高级的控制，缺乏智能性和安全性，同时也无法支持具有不同速率端口的交换。因此，各厂商把后一种技术作为重点。

2.2　子项目1：CLI 的使用及基本命令

理论讲解

2.2.1　项目目的

掌握交换机或路由器的基本命令；查看交换机或路由器的有关信息。

2.2.2　项目设备

在本项目中，将使用华为 S3700 或 AR2220 作为主要设备。

实验讲解

2.2.3　项目步骤

步骤 1：用户视图和系统视图的切换。

```
<S1>system-view
Enter system view, return user view with Ctrl+Z.
[S1]quit
<S1>
//"S1"是交换机的名字，而"<>"代表是在用户模式。"system-view"命令可以使交换机从用户模
//式进入系统模式，"quit"命令则相反，系统模式下的提示符为"[]"
```

步骤 2："?"和 Tab 键的使用。

```
<S1>sy[Tab]        //用 Tab 键可以补全命令
<S1>system-view
```

```
[S1]
[S1]? //?可以查询当前状态下能够使用的命令
System view commands:
aaa                         AAA
acl                         Specify ACL configuration information
  alarm                     Enter the alarm view
  anti-attack               Specify anti-attack configurations

[S1]s? //?也可查看以某些字母开头的命令有哪些
scp                         screen-width
  script-string               sep
  service                     set
  sftp                        smart-link
snmp-agent                  ssh
  stack                       static-lsp
stelnetstp
  super                       sysname
[S1]interface ? //?和上一个单词之间要有空格,可以查看命令的后一个参数
  Eth-Trunk      Ethernet-Trunk interface
  Ethernet       Ethernet interface
GigabitEthernetGigabitEthernet interface
LoopBackLoopBack interface
MEthMEth interface
  NULL           NULL interface
Tunnel           Tunnel interface
VLANif           VLAN interface
```

2.3 子项目2：配置交换机支持 Telnet

观看视频

2.3.1 项目目的

通过本项目,掌握交换机基本配置,学会配置交换机支持 Telnet。

2.3.2 项目背景

假设某学校购买了一台新的二层交换机,网络管理员希望给该交换机命名、设置访问密码、设置管理地址并保存配置。另外,网络管理员希望第一次在设备机房对交换机进行了初次配置后,以后能在办公室或出差时也可以对设备进行远程管理。现在要在交换机上做适当配置,使他可以实现这一愿望。

2.3.3 项目功能

本项目将实现以下功能:交换机命名、密码设置、管理地址配置、配置保存,Telnet 配置。

2.3.4 项目任务

项目拓扑如图 2.3 所示。由于 eNSP 中的计算机不支持 Telnet 客户端功能,这里用 S2

来模拟网管计算机，两者通过网络连接。

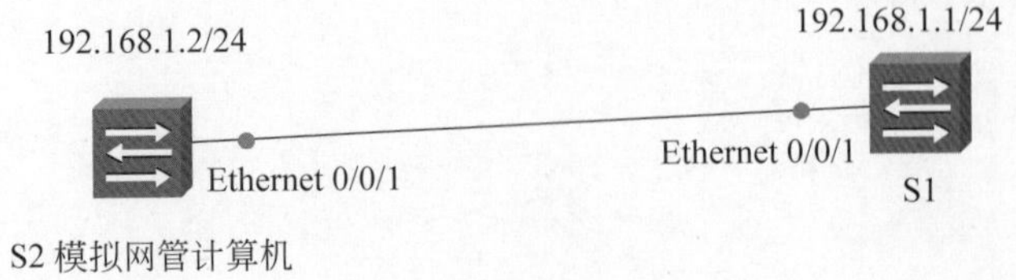

```
         192.168.1.2/24              192.168.1.1/24
             Ethernet 0/0/1  Ethernet 0/0/1
         S2 模拟网管计算机                   S1
```

图 2.3 项目 2 拓扑图

2.3.5 项目步骤

步骤 1：配置 S1 交换机名。

```
<Huawei>system-view
Enter system view, return user view with Ctrl+Z.
[Huawei]sysname S1                              //配置交换机名称
[S1]
```

步骤 2：配置 S1 密码。

```
//先设置 console 口登录密码
<S1>system-view                                 //进入系统视图
[S1]user-interface console 0                    //进入控制口视图
[S1-ui-console0]authentication-mode password    //设置认证模式为密码验证
[S1-ui-console0]set authentication password cipher 123456   //设置密码为 123456
[S1-ui-console0] return                         //回退到用户模式
<S1>quit                                        //退出 console 口登录

Please Press ENTER.

Password:                   //再次通过 console 口登录时，提示输入密码，输入 123456 正确的
                            //密码才能登录用户模式
<S1>

//下面设置远程 Telnet 登录密码
[S1]user-interface vty 0 4
[S1-ui-vty0-4]user privilege level 2            //设置用户等级
[S1-ui-vty0-4]set authentication password cipher 123456
//设置 Telnet 密码
```

步骤 3：配置 S1 管理地址。

```
[S1]interface VLAN 1
[S1-VLANif1]ip address 192.168.1.1 255.255.255.0
```

步骤 4：保存配置。

```
<S1>display current-configuration               //查看当前配置
...                                             //输出略
```

```
<S1>save                                           //保存配置
The current configuration will be written to the device.
Are you sure to continue? [Y/N]Y
Now saving the current configuration to the slot 0.
Oct 14 2020 14:33:37-08:00 S1 %%01CFM/4/SAVE(l)[2]:The user chose Y when deciding
whether to save the configuration to the device.
Save the configuration successfully.
<S1>
```

步骤 5:项目验证。

配置 S2 的管理 IP 地址为 192.168.1.2。

```
[Huawei]sysname S2
[S2]interface VLAN 1
[S2-VLANif1]ip address 192.168.1.2 255.255.255.0
```

先验证模拟网管机的 S2 与交换机 S1 之间的连通性,如图 2.4 所示,图示结果表明 ping 通。

```
<S2>ping 192.168.1.1
  PING 192.168.1.1: 56  data bytes, press CTRL_C to break
    Reply from 192.168.1.1: bytes=56 Sequence=1 ttl=255 time=40 ms
    Reply from 192.168.1.1: bytes=56 Sequence=2 ttl=255 time=50 ms
    Reply from 192.168.1.1: bytes=56 Sequence=3 ttl=255 time=50 ms
    Reply from 192.168.1.1: bytes=56 Sequence=4 ttl=255 time=20 ms
    Reply from 192.168.1.1: bytes=56 Sequence=5 ttl=255 time=40 ms

  --- 192.168.1.1 ping statistics ---
    5 packet(s) transmitted
    5 packet(s) received
    0.00% packet loss
    round-trip min/avg/max = 20/40/50 ms
<S2>
```

图 2.4 ping 测试

模拟网管机的 S2 远程登录到交换机 S1 的测试见图 2.5,表明模拟网管机的 S2 已经可以顺利地通过远程登录的方式登录交换机 S1,自此之后,console 口的连线可以撤除,之后,只要网络连通,任何计算机都可以方便地远程登录交换机 S1 进行管理。

```
<S2>telnet 192.168.1.1
Trying 192.168.1.1 ...
Press CTRL+K to abort
Connected to 192.168.1.1 ...

Login authentication

Password:
Info: The max number of VTY users is 5, and the number
      of current VTY users on line is 1.
      The current login time is 2020-10-14 15:06:34.
<S1>system-view
Enter system view, return user view with Ctrl+Z.
```

图 2.5 Telnet 测试

2.4 子项目3：利用FTP管理交换机配置

2.4.1 项目目的

能够将交换机的配置文件备份到FTP服务器，也能够从FTP服务器恢复交换机的配置文件。

2.4.2 项目背景

为防止某台交换机的配置文件由于误操作或其他某种原因被破坏而无法恢复，将交换机的配置文件备份在FTP服务器上。万一哪天交换机的配置文件真的被破坏而无法恢复时，可通过FTP服务器上的备份配置文件恢复。

2.4.3 项目功能

本项目将实现FTP备份的功能。

2.4.4 项目任务

图2.6为实验拓扑图。

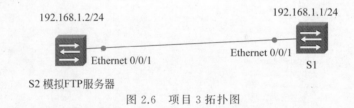

图2.6　项目3拓扑图

2.4.5 项目步骤

步骤1：配置管理接口的IP地址，并验证S1与S2的网络连通性。具体操作详见项目2。

步骤2：模拟FTP服务器的S2上运行FTP服务。

```
[S2]ftp server enable
Info: Succeeded in starting the FTP server.
[S2]aaa
[S2-aaa]local-user huawei password cipher huawei123
                        //创建一个用户，名称为huawei,密码为huawei123
Info: Add a new user.
[S2-aaa]local-user huawei service-type ftp
[S2-aaa]local-user huawei privilege level 15
[S2-aaa]local-user huawei ftp-directory flash:
[S2-aaa]display ftp-server
    FTP server is running
```

```
  Max user number                  5
  User count                       0
  Timeout value(in minute)         30
  Listening port                   21
Acl number                         0
  FTP server's source address      0.0.0.0
[S2-aaa]
```

步骤3：备份交换机配置到FTP服务器上。

```
<S1>dir
Directory of flash:/

IdxAttrSize(Byte)   Date         Time         FileName
0   drw-       -     Aug 06 2015 21:26:42     src
1   drw-       -     Oct 14 2020 11:33:13     compatible
2   -rw-     529     Oct 14 2020 15:35:05     vrpcfg.zip

32,004 KB total (31,968 KB free)
//可以看到，交换机 S1 本地 flash:/目录下有一个文件叫 vrpcfg.zip，就是该交换机的配置文
//件，我们希望将该配置文件备份到 FTP 服务器 S2 上去

<S1>ftp 192.168.1.2                     //连接 FTP 服务器
Trying 192.168.1.2 ...
Press CTRL+K to abort
Connected to 192.168.1.2.
220 FTP service ready.
User(192.168.1.2:(none)):huawei         //输入用户名
331 Password required for huawei.
Enter password:                         //输入密码
230 User logged in.

[ftp]put vrpcfg.zip Switch1ConfigureFile  //将本地的配置文件 vrpcfg.zip 保存到 FTP
                                          //服务器上，文件名命名为 Switch1ConfigureFile

200 Port command okay.
150 Opening ASCII mode data connection for Switch1ConfigureFile.

100%
226 Transfer complete.
FTP: 529 byte(s) sent in 0.300 second(s) 1.76Kbyte(s)/sec.

[ftp]dir                                //查看 FTP 服务器文件
200 Port command okay.
150 Opening ASCII mode data connection for *.
drwxrwxrwx   1 noonenogroup           0 Aug 06   2015src
drwxrwxrwx   1 noonenogroup           0 Oct 14 15:01 compatible
-rwxrwxrwx   1 noonenogroup         529 Oct 14 15:34 s1cfg
-rwxrwxrwx   1 noonenogroup         568 Oct 14 15:33 vrpcfg.zip
```

```
-rwxrwxrwx   1 noonenogroup         529 Oct 14 15:44 switch1configurefile
226 Transfer complete.
//可以看到,FTP服务器上确实备份了S1的配置文件switch1configurefile
[ftp]
```

步骤4:从FTP服务器上恢复交换机配置。

```
[ftp]get switch1configurefile vrpcfg.zip
                //从FTP服务器上获取switch1configurefile文件,存为本地vrpcfg.zip
Warning: The file vrpcfg.zip already exists. Overwrite it? [Y/N]:Y
Warning: The file vrpcfg.zip is a system resource file that is in use. Overwriteit? [Y/N]:Y

200 Port command okay.
150 Opening ASCII mode data connection for switch1configurefile.

226 Transfer complete.
FTP: 529 byte(s) received in 0.200 second(s) 2.64Kbyte(s)/sec.
//传输成功
[ftp]
[ftp]bye                              //退出FTP

221 Server closing.

<S1>
```

表2.1为本章命令汇总。

表 2.1　命令汇总

命　　　令	作　　　用
＜Huawei＞system-view	进入配置模式
quit	回退到前一层模式
return	直接回到用户模式
[Huawei]sysname	配置设备名称
[S1] user-interface console 0 [S1-ui-console0] authentication-mode password [S1-ui-console0] set authentication password cipher 123456	进入控制口视图 设置认证模式为密码验证 设置console密码为123456
[S1]user-interface vty 0 4 [S1-ui-vty0-4]user privilege level 2 [S1-ui-vty0-4] set authentication password cipher 123456	进入vty视图 设置用户等级 设置vty密码为123456
[S1]interface VLAN 1 [S1-VLANif1]ip address 192.168.1.1 255.255.255.0	配置交换机的管理地址

续表

命 令	作 用
<S1>display current-configuration…	查看当前配置
<S1>save	保存当前配置文件为启动文件
[S2]ftp server enable [S2]aaa [S2-aaa] local-user huawei password cipher huawei123 [S2-aaa]local-user huawei service-type ftp [S2-aaa]local-user huawei privilege level 15 [S2-aaa]local-user huawei ftp-directory flash： [S2-aaa]display ftp-server	启动 FTP 服务 配置 AAA 创建一个用户，名称为 huawei，密码为 huawei123 为用户匹配服务类型 配置用户级别 配置用户的 FTP 路径 查看 FTP 服务器配置
<S1>dir	查看目录
<S1>ftp 192.168.1.2 [ftp]put vrpcfg.zip Switch1ConfigureFile [ftp]get switch1configurefile vrpcfg.zip [ftp]bye	连接 FTP 服务器 将本地的配置文件 vrpcfg.zip 保存到 FTP 服务器上，文件名命名为 Switch1ConfigureFile 从 FTP 服务器上获取 switch1configurefile 文件，存为本地 vrpcfg.zip 退出 FTP

习题

一、选择题

1. 如图 2.7 所示，现在交换机从 E0 端口收到一个帧，目的 MAC 地址是 0260.8c01.2222，请问交换机会对该帧进行什么操作？（   ）

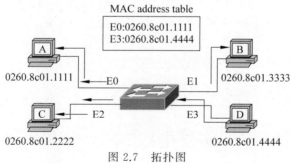

图 2.7 拓扑图

  A. 泛洪   B. 转发   C. 过滤

2. 给路由器命名的命令是 sysname，这条命令应该在哪个视图下才能使用？（   ）

  A. 用户视图 B. 系统视图 C. 接口视图 D. 协议视图

3. 关于路由器和交换机，下列错误的是（   ）。

  A. 路由器和交换机是特殊用途的计算机

  B. 华为的路由器和交换机使用的操作系统是 VRP

  C. 当前主流的 VRP 是 VRP5

  D. 所有华为主流的第三代路由器 ARG3,X7 系列交换机均提供 console 口和 MiniUSB 接口

4. 以下说法错误的是( )。

  A. 采用集线器 HUB 互联的局域网称为共享式以太网,集线器扩大了冲突域

  B. 采用交换机互联的局域网称为交换式以太网,交换机能隔离冲突域

  C. 路由器能将多个局域网互联,形成更大的网络,路由器能隔离广播域

  D. 交换机既能隔离冲突域,又能隔离广播域

二、简答题

1. 项目 3 中 dir 为什么找不到 vrpcfg.zip?
2. 项目 3 中 FTP 备份配置文件时,为什么失败,提示目录无效?
3. 项目 3 中 FTP 备份配置文件时,为什么失败,提示文件无效?
4. 项目 2 和项目 3 中为什么输入不了密码?
5. 项目 2 中为什么不能 Telnet 远程登录?
6. 二层交换机配置默认网关有什么作用?为什么跨网段交换机之间管理需要设置默认网关呢?

第 3 章 生成树STP项目

在线习题

3.1 STP 简介

理论讲解

为了减少网络的故障事件,经常会采用冗余拓扑。STP(Spanning Tree Protocol,生成树协议)可以让具有冗余结构的网络在故障时自动调整网络的数据转发路径。STP 重新收敛时间较长,通常需要 30～50s。RSTP(Rapid Spanning Tree Protocol,快速生成树协议)则在协议上对 STP 进行了根本的改进形成新协议,从而减少收敛时间。STP 还有许多改进,如 MSTP 等。

为了增加局域网的冗余性,经常会在网络中引入冗余链路,然而这样却会引起交换环路。交换环路会带来三个问题:广播风暴、同一帧的多个副本以及交换机 CAM 表不稳定。STP 可以解决这些问题,STP 的基本思路是阻断一些交换机接口,构建一棵没有环路的转发树。STP 利用 BPDU 和其他交换机进行通信,从而确定哪个交换机该阻断哪个接口。

RSTP 实际上是把减少 STP 收敛时间的一些措施融合在 STP 中形成新的协议。在 RSTP 中,接口的角色有根接口、指定接口、备份接口和替代接口。接口的状态有丢弃状态、学习状态和转发状态。接口还分为边界接口、点到点接口和共享接口。

3.2 子项目 1:STP 配置

实验讲解

3.2.1 项目目的

通过本项目,读者可以掌握如下技能。
(1) 理解 STP 的工作原理。
(2) 掌握 STP 树的控制。

3.2.2 项目背景

实验演示

某学校为了开展计算机教学和网络办公,建立了一个计算机教室和一个校办公区,这两处的计算机网络通过两台交换机互联组成内部校园网,为了提高网络的可靠性,网络管理员用两条链路将交换机互连,现要在交换机上做适当的配置,使网络避免环路。

3.2.3 项目任务

图 3.1 为实验拓扑图,设备为 PC(两台),华为 S3700 交换机(两台)。

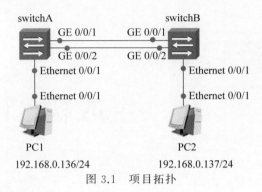

图 3.1 项目拓扑

3.2.4 项目步骤

步骤 1：如拓扑图所示配置 PC 的 IP 地址。

步骤 2：查看默认开启的生成树协议。

为对比方便，截取部分关键信息如表 3.1 所示。不同设备的项目结果会有所不同。Mode 表示当前运行的默认的生成树协议版本是 MSTP。Config Times 表示 STP 的一些设置，默认 hello 间隔是 2s，Max Age 是 20s，FwDly 转发延迟是 15s，MaxHop 是 20。CIST Bridge 表示的是 BID，前半部分表示的是优先级，默认值是 32768，后半部分表示交换机的 MAC 地址。CIST Root/ERPC 表示的是选举出的根交换机的 BID，后面是到根交换机的根路径代价。可以看出，由于两个交换机的优先级相同，switchA 交换机的 MAC 地址较小，因此生成树协议选择 switchA 作为根交换机。

根据查看的信息，华为交换机默认运行的 STP 版本是 MSTP。由于 switchA 的 BID 更小，switchA 被选举为根桥。

表 3.1 为该步骤命令汇总。

表 3.1 步骤 2 配置命令

	[switchB]display stp	[switchA]display stp
Mode Config Times CIST Bridge CIST Root/ ERPC	MSTP Hello 2s MaxAge 20s FwDly 15s MaxHop 20 32768.4c1f-cce8-2cbc 32768.4c1f-cc2b-3458/20000	MSTP Hello 2s MaxAge 20s FwDly 15s MaxHop 20 32768.4c1f-cc2b-3458 32768.4c1f-cc2b-3458 / 0

- 技术要点

生成树的协议工作过程：

(1) 选举唯一的根桥：BID 最小者。根桥上所有端口都为指定端口。

(2) 为每个非根桥选举唯一的根端口：距离根桥最近的端口。

(3) 为每个网段选举指定端口：距离根桥最近的端口。

(4) 阻塞非指定端口：没有被选举为根端口和指定端口的端口。

生成树协议操作规则：

(1) 每个网络只有一个根桥，根桥上的接口都是指定端口。
(2) 每个非根桥只有一个根端口。
(3) 每个段只有一个指定端口，其他接口为非指定端口。
(4) 指定端口转发数据，非指定端口不转发数据。

BID 的组成：

桥 ID 是由 2 字节的优先级加 6 字节的桥 MAC 地址组成的。

步骤 3：观察接口状态。

如表 3.2 所示，可见，由于 switchA 是根交换机，所以两个端口都是指定端口，因此接口状态都是转发状态。而 switchB 是非根交换机，GigabitEthernet 0/0/1 是根端口，所以它的状态是转发，而 GigabitEthernet 0/0/2 既不是根端口也不是指定端口，所以称为替换端口，处于阻塞状态。这样，就打破了 S1 与 S2 之间的环路。

```
[switchA]display stp brief
[switchB]display stp brief
```

表 3.2 为该步骤命令汇总。

表 3.2 步骤 3 配置命令

[switchB]display stp brief	[switchA]display stp brief
GigabitEthernet0/0/1 ROOT FORWARDING	GigabitEthernet0/0/1 DESI FORWARDING
GigabitEthernet0/0/2 ALTE DISCARDING	GigabitEthernet0/0/2 DESI FORWARDING

步骤 4：设置生成树模式为 STP。并通过修改优先级，使 switchB 成为根交换机。

```
[switchA]stp mode stp
[switchB]stp mode stp
```

```
[switchB]stp priority 4096
```

表 3.3 为该步骤命令汇总。

表 3.3 步骤 4 配置命令

观察 Mode	STP	STP
CIST Bridge	4096 .4c1f-cce8-2cbc	32768 .4c1f-cc2b-3458
CIST Root/ERPC	4096 .4c1f-cce8-2cbc / 0	4096 .4c1f-cce8-2cbc / 20000

可以看到，现在 STP 版本变成了 STP。而且，由于 switchB 更改了优先级，所以，虽然 switchA 的 MAC 地址较小，但现在 switchB 有更小的优先级，因此选举 switchB 为根交换机。

步骤 5：测试 STP 的收敛时间。

让一台 PC 连续地 ping 另一台 PC，断掉其中正在转发状态的链路，验证 STP 能让备用的端口启用，以保障链路的连通性。

```
[switchA]display stp brief
[switchB]display stp brief
```

表 3.4 为该步骤命令汇总。

表 3.4 步骤 5 配置命令

[switchB]display stp brief	[switchA]display stp brief
GigabitEthernet0/0/1DESI FORWARDING	GigabitEthernet0/0/1ROOT FORWARDING
GigabitEthernet0/0/2DESI FORWARDING	GigabitEthernet0/0/2ALTE DISCARDING

查看接口状态，发现 switchA 的 GigabitEthernet 0/0/1 转发而 GigabitEthernet 0/0/2 阻塞，现在让 GigabitEthernet 0/0/1 关闭，同时观察 ping 窗口，记录 STP 的收敛时间。

```
[switchA]interface GigabitEthernet 0/0/1
[switchA-GigabitEthernet0/0/1]shutdown
```

- 提示

连续地 ping，可以用命令"ping 192.168.0.137 -t"。ping 不通时，会报告"timeout"，默认连续 ping 两次不通，则报告 timeout，而一次 ping 的时间是 1s，因此报告一个 timeout 的时间大约是 2s，可以通过数 timeout 的数量大致地估算时间。

- 提示

如何使正在转发状态的链路断掉呢？可以直接拔掉一端的连线，也可以通过命令 "shutdown"关闭连线某一端的接口。

再观察接口状态，可以看到，现在 GigabitEthernet 0/0/2 启用，变成转发状态了。

```
[switchA]display stp brief
GigabitEthernet0/0/2           ROOT   FORWARDING
```

3.3 子项目 2：RSTP 配置

3.3.1 项目目的

通过本项目，读者可以掌握、熟悉 RSTP 的配置。

3.3.2 项目背景

某学校为了开展计算机教学和网络办公，建立了一个计算机教室和一个校办公区，这两处的计算机网络通过两台交换机互联组成内部校园网。为了提高网络的可靠性，网络管理员用两条链路将交换机互连，现要在交换机上做适当的配置，使网络避免环路。

3.3.3 项目功能

使网络在有冗余链路的情况下避免环路的产生，避免广播风暴等。

3.3.4 项目任务

图 3.2 为实验拓扑图。

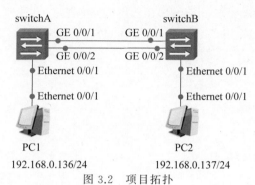

图 3.2 项目拓扑

3.3.5 项目步骤

步骤 1：设置生成树模式为 RSTP。

```
[switchA]stp mode rstp
[switchB]stp mode rstp
```

步骤 2：测试 RSTP 收敛时间，步骤同项目 1。

表 3.5 为该项目主要命令汇总。

表 3.5 命令汇总

命　　令	作　　用
stp mode stp	设置生成树协议模式为 STP
display stp	查看 STP 树信息
display stp brief	简要查看接口的状态
stp priority 4096	设置优先级为 4096
stp mode rstp	设置生成树协议模式为 RSTP

习题

一、选择题

以下说法错误的是(　　)。

A. 华为交换机默认运行的生成树协议是 STP

B. STP 的收敛时间为 30~50s

C. RSTP 跟 STP 相比，大大减少了收敛时间

D. 华为交换机会自动运行生成树协议避免环路

二、简答题

1. 拓扑可以不用 PC 吗？
2. PC 之间 ping 不通，显示 unreachable，可能是什么原因导致的？
3. 用 shutdown 命令关闭了某个端口，现在想启用，怎么办？

第 4 章 静态路由配置项目

在线习题

4.1 路由基础

以太网交换机工作在数据链路层,用于在局域网内进行数据转发。而企业网络的拓扑结构一般会比较复杂,不同的部门或者总部和分支可能处在不同的局域网中,这时候就需要使用路由器来连接不同的局域网,实现局域网之间的数据转发。

路由器在收到 IP 数据包后,读取目的 IP 地址,查找路由表,最后转发 IP 数据包。对此路由器可以隔离广播域,作为局域网的网关,发现到达目的网络的最优路径,最终实现数据包在不同局域网之间的转发。路由器需要维护路由表,路由表中关键的表项是目的网络、掩码、出接口、下一跳 IP 地址。路由器要完成最优路径选择,选择时首先看优先级,再看路由度量,选择优先级小、路由度量小的路径作为最优路径。路由表中的路由条目根据路由来源分为三类:直连路由、静态路由、动态路由。

理论讲解

4.2 静态路由基础

静态路由是由管理员手动配置和维护的路由。

静态路由的优点是配置简单,不占用路由器 CPU 资源;缺点是不能自动适应拓扑的变化,需要管理员手动进行调整。所以,静态路由一般适用于结构简单的网络。在复杂网络中,一般由动态路由协议来生成动态路由。不过即使是在复杂网络中,合理地配置一些静态路由也可以改进网络的性能。静态路由的典型应用场景有负载分担、备用路由和默认路由。

配置静态路由的命令是 ip route-static,查看路由表的命令是 display ip routing-table。

4.3 子项目 1:配置静态路由和默认路由

实验讲解

4.3.1 项目目的

通过本项目,读者可以掌握如下技能。
(1) 掌握静态路由的配置方法。
(2) 掌握测试静态路由连通性的方法。
(3) 掌握通过配置默认路由实现本地网络与外部网络间的访问。
(4) 掌握静态备份路由的配置方法。

实验讲解

4.3.2 项目背景

假设你是公司的网络管理员。现在公司有一个总部与两个分支机构。其中,R1 为总部路由器,R2、R3 为分支机构,总部与分支机构之间通过以太网实现互联,且当前公司网络中没有配置任何路由协议。

4.3.3 项目任务

由于网络的规模比较小,可以通过配置静态路由和默认路由来实现网络互通。IP 规划信息如图 4.1 所示。

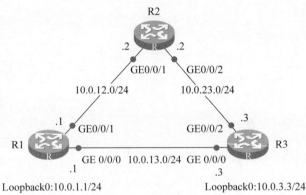

图 4.1 项目拓扑

实验演示

4.3.4 项目步骤

步骤 1:基础配置和 IP 地址配置。

在 R1、R2、R3 上配置设备名称和 IP 地址。以 R1 为例,R2、R3 略。

实验演示

```
<Huawei>system-view
Enter system view, return user view with Ctrl+Z.
[Huawei]sysname R1
[R1]int g0/0/1
[R1-GigabitEthernet0/0/1]ip add 10.0.11.1 24
[R1-GigabitEthernet0/0/1]int g0/0/0
[R1-GigabitEthernet0/0/0]ip add 10.0.12.1 24
[R1-GigabitEthernet0/0/0]int lo0
[R1-LoopBack0]ip add 10.0.1.1 24
[R1-LoopBack0]quit
[R1]quit
<R1>display ip interface brief
略
Interface                 IP Address/Mask      Physical    Protocol
GigabitEthernet0/0/0      10.0.12.1/24         up          up
GigabitEthernet0/0/1      10.0.11.1/24         up          up
GigabitEthernet0/0/2      unassigned           down        down
LoopBack0                 10.0.1.1/24          up          up(s)
NULL0                     unassigned           up          up(s)
```

如图 4.2 和图 4.3 所示测试 R1 与其他设备的连通性。

```
<R1>ping 10.0.12.2
  PING 10.0.12.2: 56  data bytes, press CTRL_C to break
    Reply from 10.0.12.2: bytes=56 Sequence=1 ttl=255 time=380 ms
    Reply from 10.0.12.2: bytes=56 Sequence=2 ttl=255 time=30 ms
    Reply from 10.0.12.2: bytes=56 Sequence=3 ttl=255 time=20 ms
    Reply from 10.0.12.2: bytes=56 Sequence=4 ttl=255 time=30 ms
    Reply from 10.0.12.2: bytes=56 Sequence=5 ttl=255 time=40 ms

  --- 10.0.12.2 ping statistics ---
    5 packet(s) transmitted
    5 packet(s) received
    0.00% packet loss
    round-trip min/avg/max = 20/100/380 ms
```

图 4.2 测试 R1 连通性 1

```
<R1>ping 10.0.13.3
  PING 10.0.13.3: 56  data bytes, press CTRL_C to break
    Reply from 10.0.13.3: bytes=56 Sequence=1 ttl=255 time=280 ms
    Reply from 10.0.13.3: bytes=56 Sequence=2 ttl=255 time=50 ms
    Reply from 10.0.13.3: bytes=56 Sequence=3 ttl=255 time=20 ms
    Reply from 10.0.13.3: bytes=56 Sequence=4 ttl=255 time=20 ms
    Reply from 10.0.13.3: bytes=56 Sequence=5 ttl=255 time=20 ms

  --- 10.0.13.3 ping statistics ---
    5 packet(s) transmitted
    5 packet(s) received
    0.00% packet loss
    round-trip min/avg/max = 20/78/280 ms
```

图 4.3 测试 R1 连通性 2

步骤 2：如图 4.4 和图 4.5 所示测试 R2 到目的网络 10.0.13.0/24 和 10.0.3.0/24 的连通性。

```
<R2>ping 10.0.13.3
  PING 10.0.13.3: 56  data bytes, press CTRL_C to break
    Request time out
    Request time out
    Request time out
    Request time out
    Request time out

  --- 10.0.13.3 ping statistics ---
    5 packet(s) transmitted
    0 packet(s) received
    100.00% packet loss
```

图 4.4 测试 R2 连通性 1

```
<R2>ping 10.0.3.3
  PING 10.0.3.3: 56  data bytes, press CTRL_C to break
    Request time out
    Request time out
    Request time out
    Request time out
    Request time out

  --- 10.0.3.3 ping statistics ---
    5 packet(s) transmitted
    0 packet(s) received
    100.00% packet loss
```

图 4.5 测试 R2 连通性 2

R2 如果要与 10.0.12.0/24 网络通信，需要 R2 上有去往该网段的路由信息，并且 R3 上也需要有到 R2 相应接口所在网段的路由信息。

上述检测结果表明，R2 不能与 10.0.12.0/24 和 10.0.3.0/24 网络通信。

执行 display ip routing-table 命令，如图 4.6 所示查看 R2 上的路由表。可以发现路由表中没有这两个网段的路由信息。

```
<R2>display ip routing-table
Route Flags: R - relay, D - download to fib
------------------------------------------------------------
Routing Tables: Public
         Destinations : 10        Routes : 10

Destination/Mask    Proto   Pre  Cost      Flags NextHop         Interface

     10.0.12.0/24   Direct  0    0           D   10.0.12.2       GigabitEthernet
0/0/1
     10.0.12.2/32   Direct  0    0           D   127.0.0.1       GigabitEthernet
0/0/1
   10.0.12.255/32   Direct  0    0           D   127.0.0.1       GigabitEthernet
0/0/1
     10.0.23.0/24   Direct  0    0           D   10.0.23.2       GigabitEthernet
0/0/2
     10.0.23.2/32   Direct  0    0           D   127.0.0.1       GigabitEthernet
0/0/2
   10.0.23.255/32   Direct  0    0           D   127.0.0.1       GigabitEthernet
0/0/2
      127.0.0.0/8   Direct  0    0           D   127.0.0.1       InLoopBack0
      127.0.0.1/32  Direct  0    0           D   127.0.0.1       InLoopBack0
  127.255.255.255/32 Direct 0    0           D   127.0.0.1       InLoopBack0
  255.255.255.255/32 Direct 0    0           D   127.0.0.1       InLoopBack0
```

图 4.6　查看路由表信息 1

步骤 3：在 R2 上配置静态路由。

配置目的地址为 10.0.12.0/24 和 10.0.3.0/24 的静态路由，路由的下一跳配置为 R3 的 G0/0/0 接口，IP 地址为 10.0.23.3。默认静态路由优先级为 60，无须额外配置路由优先级信息。

```
[R2]ip route-static 10.0.12.0 24 10.0.23.3
[R2]ip route-static 10.0.3.0 24 10.0.23.3
```

注意：在 ip route-static 命令中，24 代表子网掩码长度，也可以写成完整的掩码 255.255.255.0。

步骤 4：配置备份静态路由。

R2 与网络 10.0.13.0/24 和 10.0.3.0/24 之间交互的数据通过 R2 与 R3 间的链路传输。如果 R2 与 R3 间的链路发生故障，R2 将不能与网络 10.0.13.0/24 和 10.0.3.0/24 通信。

但是根据图 4.7 可以看出，当 R2 和 R3 间的链路发生故障时，R2 还可以通过 R1 与 R3 通信。所以可以通过配置一条备份静态路由来实现路由的冗余备份。正常情况下，备份静态路由不生效。当 R2 和 R3 间的链路发生故障时，才使用备份静态路由传输数据。

配置备份静态路由时，需要修改备份静态路由的优先级，确保只有主链路故障时才使用备份路由。本任务中，将备份静态路由的优先级修改为 80。

```
[R1]ip route-static 10.0.3.0 24 10.0.12.3
```

```
[R2]ip route-static 10.0.12.0 24 10.0.11.1 preference 80
[R2]ip route-static 10.0.3.0 24 10.0.11.1 preference 80
```

```
[R3]ip route-static 10.0.11.0 24 10.0.12.1
```

步骤 5：验证静态路由。

```
<R2>display ip routing-table
Route Flags: R - relay, D - download to fib
------------------------------------------------
Routing Tables: Public
         Destinations : 12       Routes : 12

Destination/Mask    Proto   Pre  Cost      Flags NextHop        Interface
       10.0.3.0/24  Static  60   0          RD   10.0.23.3      GigabitEthernet
0/0/2
       10.0.12.0/24 Direct  0    0          D    10.0.12.2      GigabitEthernet
0/0/1
       10.0.12.2/32 Direct  0    0          D    127.0.0.1      GigabitEthernet
0/0/1
     10.0.12.255/32 Direct  0    0          D    127.0.0.1      GigabitEthernet
0/0/1
       10.0.13.0/24 Static  60   0          RD   10.0.23.3      GigabitEthernet
0/0/2
       10.0.23.0/24 Direct  0    0          D    10.0.23.2      GigabitEthernet
0/0/2
       10.0.23.2/32 Direct  0    0          D    127.0.0.1      GigabitEthernet
0/0/2
     10.0.23.255/32 Direct  0    0          D    127.0.0.1      GigabitEthernet
0/0/2
        127.0.0.0/8 Direct  0    0          D    127.0.0.1      InLoopBack0
        127.0.0.1/32 Direct 0    0          D    127.0.0.1      InLoopBack0
    127.255.255.255/32 Direct 0  0          D    127.0.0.1      InLoopBack0
    255.255.255.255/32 Direct 0  0          D    127.0.0.1      InLoopBack0
```

图 4.7　查看路由表信息 2

在 R2 的路由表中,如图 4.8 所示查看当前的静态路由配置。

```
<R2>dis ip routing-table
Route Flags: R - relay, D - download to fib
------------------------------------------------
Routing Tables: Public
         Destinations : 9        Routes : 9

Destination/Mask    Proto   Pre  Cost      Flags NextHop        Interface
       10.0.3.0/24  Static  80   0          RD   10.0.12.1      GigabitEthern
0/0/1
       10.0.12.0/24 Direct  0    0          D    10.0.12.2      GigabitEthern
0/0/1
       10.0.12.2/32 Direct  0    0          D    127.0.0.1      GigabitEthern
0/0/1
     10.0.12.255/32 Direct  0    0          D    127.0.0.1      GigabitEthern
0/0/1
       10.0.13.0/24 Static  80   0          RD   10.0.12.1      GigabitEthern
0/0/1
        127.0.0.0/8 Direct  0    0          D    127.0.0.1      InLoopBack0
        127.0.0.1/32 Direct 0    0          D    127.0.0.1      InLoopBack0
    127.255.255.255/32 Direct 0  0          D    127.0.0.1      InLoopBack0
```

图 4.8　查看路由配置

路由表中包含两条静态路由。其中,Protocol 字段的值是 Static,表明该路由是静态路由。Preference 字段的值是 60,表明该路由使用的是默认优先级。

当 R2 和 R3 之间链路正常时,R2 与网络 10.0.13.0 和 10.0.3.0 之间交互的数据通过 R2 与 R3 间的链路传输。执行 tracert 命令,如图 4.9 所示可以查看数据的传输路径。

```
[R2]tracert 10.0.13.3
 traceroute to  10.0.13.3(10.0.13.3), max hops: 30 ,packet length: 40,press CTRL
_C to break
 1 10.0.23.3 110 ms  20 ms  20 ms
```

图 4.9　查看数据传输路径 1

命令的回显信息如图 4.10 所示,证实 R2 将数据直接发给 R3,未经过其他设备。

步骤 6:验证备份静态路由。

关闭 R2 上的 G0/0/2 接口,模拟 R2 与 R3 之间的链路发生故障,然后查看 IP 路由表

```
[R2]tracert 10.0.3.3
traceroute to  10.0.3.3(10.0.3.3), max hops: 30 ,packet length: 40,press CTRL_C
to break
 1 10.0.23.3 30 ms  20 ms  20 ms
[R2]
```

图 4.10　查看数据传输路径 2

的变化。

```
[R2]int g0/0/2
[R2-GigabitEthernet0/0/2]shutdown
```

注意与关闭接口之前的路由表情况做对比。

如图 4.11 所示在 R2 的路由表中,矩形框所标记出的两条路由的下一跳和优先级均已发生变化。

```
<R2>dis ip rout
Route Flags: R - relay, D - download to fib
------------------------------------------------
Routing Tables: Public
         Destinations : 9        Routes : 9

Destination/Mask    Proto   Pre  Cost      Flags NextHop         Interface

      10.0.3.0/24  Static   80   0          RD   10.0.12.1       GigabitEthernet
0/0/1
     10.0.12.0/24  Direct   0    0           D   10.0.12.2       GigabitEthernet
0/0/1
     10.0.12.2/32  Direct   0    0           D   127.0.0.1       GigabitEthernet
0/0/1
   10.0.12.255/32  Direct   0    0           D   127.0.0.1       GigabitEthernet
0/0/1
     10.0.13.0/24  Static   80   0          RD   10.0.12.1       GigabitEthernet
0/0/1
      127.0.0.0/8  Direct   0    0           D   127.0.0.1       InLoopBack0
     127.0.0.1/32  Direct   0    0           D   127.0.0.1       InLoopBack0
   127.255.255.255/32 Direct 0   0           D   127.0.0.1       InLoopBack0
   255.255.255.255/32 Direct 0   0           D   127.0.0.1       InLoopBack0
```

图 4.11　查看路由表 1

如图 4.12 和图 4.13 所示检测 R2 到目的地址 10.0.13.3 以及 R3 上的 10.0.3.3 的连通性。

```
<R2>ping 10.0.3.3
  PING 10.0.3.3: 56  data bytes, press CTRL_C to break
    Reply from 10.0.3.3: bytes=56 Sequence=1 ttl=254 time=40 ms
    Reply from 10.0.3.3: bytes=56 Sequence=2 ttl=254 time=30 ms
    Reply from 10.0.3.3: bytes=56 Sequence=3 ttl=254 time=30 ms
    Reply from 10.0.3.3: bytes=56 Sequence=4 ttl=254 time=30 ms
    Reply from 10.0.3.3: bytes=56 Sequence=5 ttl=254 time=40 ms

  --- 10.0.3.3 ping statistics ---
    5 packet(s) transmitted
    5 packet(s) received
    0.00% packet loss
    round-trip min/avg/max = 30/34/40 ms
```

图 4.12　测试 R2 连通性 1

网络并未因为 R2 与 R3 之间的链路被关闭而中断。

执行 tracert 命令,如图 4.14 和图 4.15 所示查看数据包的转发路径。

命令的回显信息表明,R2 发送的数据经过 R1 抵达 R3 设备。

步骤 7:配置默认路由实现网络的互通。

```
<R2>ping 10.0.13.3
  PING 10.0.13.3: 56  data bytes, press CTRL_C to break
    Reply from 10.0.13.3: bytes=56 Sequence=1 ttl=254 time=30 ms
    Reply from 10.0.13.3: bytes=56 Sequence=2 ttl=254 time=30 ms
    Reply from 10.0.13.3: bytes=56 Sequence=3 ttl=254 time=40 ms
    Reply from 10.0.13.3: bytes=56 Sequence=4 ttl=254 time=40 ms
    Reply from 10.0.13.3: bytes=56 Sequence=5 ttl=254 time=40 ms

  --- 10.0.13.3 ping statistics ---
    5 packet(s) transmitted
    5 packet(s) received
    0.00% packet loss
    round-trip min/avg/max = 30/36/40 ms
```

图 4.13　测试 R2 连通性 2

```
<R2>tracert 10.0.13.3
  traceroute to  10.0.13.3(10.0.13.3), max hops: 30 ,packet length: 40,press CTRL
_C to break
 1 10.0.12.1 30 ms 20 ms 20 ms
 2 10.0.13.3 40 ms 40 ms 30 ms
```

图 4.14　查看数据包转发路径 1

```
<R2>tracert 10.0.3.3
  traceroute to  10.0.3.3(10.0.3.3), max hops: 30 ,packet length: 40,press CTRL_C
 to break
 1 10.0.12.1 20 ms 20 ms 30 ms
 2 10.0.13.3 50 ms 30 ms 30 ms
```

图 4.15　查看数据包转发路径 2

打开 R2 上在步骤 6 中关闭的接口。

[R2]**int g0/0/2**
[R2-GigabitEthernet0/0/2]**undoshutdown**

如图 4.16 所示验证从 R1 到 10.0.23.3 的连通性。

```
<R1>ping 10.0.23.3
  PING 10.0.23.3: 56  data bytes, press CTRL_C to break
    Request time out
    Request time out
    Request time out
    Request time out
    Request time out

  --- 10.0.23.3 ping statistics ---
    5 packet(s) transmitted
    0 packet(s) received
    100.00% packet loss
```

图 4.16　测试 R1 连通性 1

在图 4.17 可以看出,因为 R1 上没有去往 10.0.23.0 网段的路由信息,所以包无法到达 R3。

可以在 R1 上配置一条下一跳为 10.0.12.3 的默认路由来实现网络的连通。

[R1]**ip route-static 0.0.0.0 0 10.0.12.3**

配置完成后,如图 4.18 所示检测 R1 和 10.0.23.3 的连通性。

```
<R1>display ip routing-table
Route Flags: R - relay, D - download to fib
------------------------------------------------------------
Routing Tables: Public
         Destinations : 14       Routes : 14

Destination/Mask    Proto   Pre  Cost      Flags NextHop         Interface
      10.0.1.0/24   Direct  0    0           D   10.0.1.1        LoopBack0
      10.0.1.1/32   Direct  0    0           D   127.0.0.1       LoopBack0
    10.0.1.255/32   Direct  0    0           D   127.0.0.1       LoopBack0
      10.0.3.0/24   Static  60   0           RD  10.0.13.3       GigabitEthernet
0/0/0
     10.0.12.0/24   Direct  0    0           D   10.0.12.1       GigabitEthernet
0/0/1
     10.0.12.1/32   Direct  0    0           D   127.0.0.1       GigabitEthernet
0/0/1
   10.0.12.255/32   Direct  0    0           D   127.0.0.1       GigabitEthernet
0/0/1
     10.0.13.0/24   Direct  0    0           D   10.0.13.1       GigabitEthernet
0/0/0
     10.0.13.1/32   Direct  0    0           D   127.0.0.1       GigabitEthernet
0/0/0
   10.0.13.255/32   Direct  0    0           D   127.0.0.1       GigabitEthernet
0/0/0
      127.0.0.0/8   Direct  0    0           D   127.0.0.1       InLoopBack0
      127.0.0.1/32  Direct  0    0           D   127.0.0.1       InLoopBack0
  127.255.255.255/32 Direct 0    0           D   127.0.0.1       InLoopBack0
  255.255.255.255/32 Direct 0    0           D   127.0.0.1       InLoopBack0
```

图 4.17 查看路由表信息 3

```
<R1>ping 10.0.23.3
  PING 10.0.23.3: 56  data bytes, press CTRL_C to break
    Reply from 10.0.23.3: bytes=56 Sequence=1 ttl=255 time=30 ms
    Reply from 10.0.23.3: bytes=56 Sequence=2 ttl=255 time=30 ms
    Reply from 10.0.23.3: bytes=56 Sequence=3 ttl=255 time=30 ms
    Reply from 10.0.23.3: bytes=56 Sequence=4 ttl=255 time=20 ms
    Reply from 10.0.23.3: bytes=56 Sequence=5 ttl=255 time=30 ms

  --- 10.0.23.3 ping statistics ---
    5 packet(s) transmitted
    5 packet(s) received
    0.00% packet loss
    round-trip min/avg/max = 20/28/30 ms
```

图 4.18 测试 R1 连通性 2

R1 通过默认路由实现了与网段 10.0.23.0 的通信。

步骤 8：配置备份默认路由。

当 R1 与 R3 间的链路发生故障时，R1 可以使用备份默认路由通过 R2 实现与 10.0.23.3 和 10.0.3.3 的通信。

配置两条备份路由，确保数据来回的双向都有路由。

[R1]**ip route-static 0.0.0.0 0 10.0.11.2 preference 80**

[R3]**ip route-static 10.0.11.0 24 10.0.23.2 preference 80**

步骤 9：验证备份默认路由。如图 4.19 所示查看链路正常时 R1 上的路由表。
关闭 R1 与 R3 上的 G0/0/0 接口模拟链路故障，然后查看 R1 路由表如图 4.20 所示。比较关闭前后的路由表变化情况。

[R1]**int g0/0/0**
[R1-GigabitEthernet0/0/0]**shutdown**

上述路由表中，默认路由 0.0.0.0 的 preference 值为 80，表明备份的默认路由已生效。

第4章 静态路由配置项目

```
<R1>dis ip rout
Route Flags: R - relay, D - download to fib
----------------------------------------------------------
Routing Tables: Public
         Destinations : 15        Routes : 15

Destination/Mask    Proto   Pre  Cost      Flags NextHop        Interface
        0.0.0.0/0   Static  60   0          RD   10.0.13.3      GigabitEthernet
0/0/0
       10.0.1.0/24  Direct  0    0           D   10.0.1.1       LoopBack0
       10.0.1.1/32  Direct  0    0           D   127.0.0.1      LoopBack0
     10.0.1.255/32  Direct  0    0           D   127.0.0.1      LoopBack0
       10.0.3.0/24  Static  60   0          RD   10.0.13.3      GigabitEthernet
0/0/0
      10.0.12.0/24  Direct  0    0           D   10.0.12.1      GigabitEthernet
0/0/1
      10.0.12.1/32  Direct  0    0           D   127.0.0.1      GigabitEthernet
0/0/1
    10.0.12.255/32  Direct  0    0           D   127.0.0.1      GigabitEthernet
0/0/1
      10.0.13.0/24  Direct  0    0           D   10.0.13.1      GigabitEthernet
0/0/0
      10.0.13.1/32  Direct  0    0           D   127.0.0.1      GigabitEthernet
0/0/0
    10.0.13.255/32  Direct  0    0           D   127.0.0.1      GigabitEthernet
0/0/0
      127.0.0.0/8   Direct  0    0           D   127.0.0.1      InLoopBack0
      127.0.0.1/32  Direct  0    0           D   127.0.0.1      InLoopBack0
 127.255.255.255/32 Direct  0    0           D   127.0.0.1      InLoopBack0
 255.255.255.255/32 Direct  0    0           D   127.0.0.1      InLoopBack0
```

图 4.19　查看路由表信息 4

```
<R1>dis ip routing-table
Route Flags: R - relay, D - download to fib
----------------------------------------------------------
Routing Tables: Public
         Destinations : 11        Routes : 11

Destination/Mask    Proto   Pre  Cost      Flags NextHop        Interface
        0.0.0.0/0   Static  60   0          RD   10.0.12.2      GigabitEthernet
0/0/1
       10.0.1.0/24  Direct  0    0           D   10.0.1.1       LoopBack0
       10.0.1.1/32  Direct  0    0           D   127.0.0.1      LoopBack0
     10.0.1.255/32  Direct  0    0           D   127.0.0.1      LoopBack0
      10.0.12.0/24  Direct  0    0           D   10.0.12.1      GigabitEthernet
0/0/1
      10.0.12.1/32  Direct  0    0           D   127.0.0.1      GigabitEthernet
0/0/1
    10.0.12.255/32  Direct  0    0           D   127.0.0.1      GigabitEthernet
0/0/1
      127.0.0.0/8   Direct  0    0           D   127.0.0.1      InLoopBack0
      127.0.0.1/32  Direct  0    0           D   127.0.0.1      InLoopBack0
 127.255.255.255/32 Direct  0    0           D   127.0.0.1      InLoopBack0
 255.255.255.255/32 Direct  0    0           D   127.0.0.1      InLoopBack0
```

图 4.20　查看路由表 2

还可以用 ping 和 tracert 命令来验证。

表 4.1 为本章主要命令汇总。

表 4.1　命令汇总

命令	作用
display ip interface brief	简要查看 IP 接口信息
ip route-static	配置静态路由
display ip routing-table	查看路由表
tracert	跟踪包到达目的所经过的路径

习题

1. 项目拓扑中总共有几个子网?
2. 未配置路由之前,每个路由器的路由表情况是怎样的?
3. 步骤 3 配置了 R2 去 10.0.12.0 和 10.0.3.0 的静态路由,下一跳是 R3,此时每个路由器的路由表情况是怎样的?
4. 步骤 4 配置了 R2 去 10.0.12.0 和 10.0.3.0 的备份静态路由,下一跳是 R1。但是 R1 知道 10.0.12.0,不知道 10.0.3.0,所以同时还在 R1 上配置了去 10.0.3.0 的静态路由。为了能让回路也通,由于 R3 开始并不知道 10.0.11.0,所以还在 R3 上配置了去 10.0.11.0 的路由。此时每个路由器的路由表情况是怎样的?
5. 步骤 7 为 R1 配置了一条默认路由 0.0.0.0,此时虽然不知道怎么去 10.0.23.0,但会匹配默认路由,可以通过 R3 到达 10.0.23.0。此时每个路由器的路由表情况是怎样的?
6. 步骤 8 为 R1 配置了一条备份的默认路由 0.0.0.0,下一跳为 R2。为什么还要在 R3 上配置一条备份路由,去往 10.0.11.0,备份路由的下一跳为 R2?
7. 全部项目步骤完成以后,整个网络的路由表完整了吗?
8. 项目拓扑中有一个路由器总是在启动,总是启动不好。请分析可能的原因。

第 5 章 OSPF路由协议项目

5.1 OSPF 概述

OSPF(Open Shortest Path First,开放最短链路优先)路由协议是典型的链路状态路由协议。OSPF 由 IETF 在 20 世纪 80 年代末期制定,是 SPF 类路由协议中的开放式版本。最初的 OSPF 规范体现在 RFC 1131 中,被称为 OSPF 版本 1,但是版本 1 很快被进行了重大改进的版本所代替,这个新版本体现在 RFC 1247 文档中。RFC 1247 被称为 OSPF 版本 2,是为了明确指出其在稳定性和功能性方面的实质性改进。这个 OSPF 版本有许多更新文档,每一个更新都是对开放标准的精心改进。接下来的一些规范出现在 RFC 1583 和 RFC 2328 中。OSPF 版本 2 的最新版体现在 RFC 2328 中。而 OSPF 版本 3 是关于 IPv6 的。

OSPF 作为一种内部网关协议(Interior Gateway Protocol,IGP),用于在同一个自治系统(Autonomous System,AS)中的路由器之间交换路由信息。OSPF 相比 RIP,具有如下优点。

(1)可适应大规模网络;支持区域划分,构成结构化的网络。

(2)收敛速度快。

(3)无路由环路。

(4)支持简单口令和 MD5 认证。

另外,OSPF 将网络划分为 4 种类型:广播多路访问型(BMA)、非广播多路访问型(NBMA)、点到点型(Point-to-Point)和点到多点型(Point-to-MultiPoint)。不同的二层链路的类型需要 OSPF 不同的网络类型来适应。

下面的几个术语是学习 OSPF 要掌握的。

(1)链路:链路就是路由器用来连接网络的接口。

(2)链路状态:用来描述路由器接口及其邻居路由器的关系,所有链路状态信息构成链路状态数据库。

(3)区域:有相同区域标志的一组路由器和网络的集合,在同一个区域内的路由器有相同的链路状态数据库。

(4)自治系统:采用同一种路由协议交换路由信息的路由器及其网络构成一个自治系统。

(5)链路状态通告(LSA):LSA 用来描述路由器的本地状态,LSA 包括的信息有路由器接口的状态和所形成的邻接状态。

（6）最短路径优先（SPF）算法：是 OSPF 路由协议的基础，SPF 算法有时也被称为 Dijkstra 算法，这是因为最短路径优先算法是 Dijkstra 发明的，OSPF 路由器利用 SPF，独立地计算出到达任意目的地的最佳路由。

在一个大型 OSPF 网络中，SPF 算法的反复计算、庞大的路由表和拓扑表的维护以及 LSA 的泛洪等都会占用路由器的资源，因而会降低路由器的运行效率。OSPF 协议可以利用区域的概念来减小这些不利的影响。因为在一个区域内的路由器将不需要了解它们所在区域外的拓扑细节。OSPF 多区域的拓扑结构具有如下优势。

（1）降低 SPF 计算频率。
（2）减小路由表。
（3）降低了通告 LSA 的开销。
（4）将不稳定限制在特定的区域。

多区域 OSPF 路由器类型：当一个 AS 划分为几个 OSPF 区域时，根据一个路由器在相应的区域之内的作用，可以将 OSPF 路由器做如下分类，如图 5.1 所示。

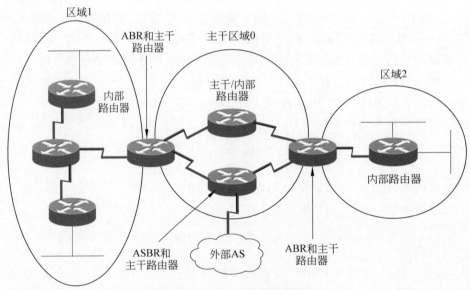

图 5.1 OSPF 路由器类型

（1）内部路由器：OSPF 路由器上所有直连的链路都处于同一个区域。
（2）主干路由器：具有连接区域 0 接口的路由器。
（3）区域边界路由器（ABR）：路由器和多个区域相连。
（4）自治系统边界路由器（ASBR）：与 AS 外部的路由器相连并互相交换路由信息。

5.2 子项目1：单区域 OSPF

5.2.1 项目目的

通过本项目掌握：
（1）在路由器上启动 OSPF 路由进程。

(2)启用参与路由协议的接口,并且通告网络及所在的区域。
(3)查看和调试 OSPF 路由协议相关信息。

5.2.2 项目背景

假设你是某集成商的高级技术支持工程师,现在为某企业设计一个网络骨干结构,你选择了使用 OSPF 路由协议来构建。

5.2.3 项目功能

本项目将构建 OSPF 骨干区域,为网络拓展打基础。

5.2.4 项目任务

图 5.2 为实验拓扑图。

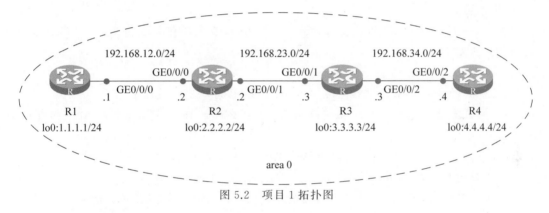

图 5.2 项目 1 拓扑图

5.2.5 项目步骤

基础配置如拓扑图所示,基础配置完成以后,可以用 ping 测试直连连通性,用 display ip interface brief 命令核对接口 IP 配置。用 save 命令保存配置。并将该拓扑复制一份保存,作为项目 2 的基础配置拓扑。

步骤 1:配置路由器 R1。

```
[R1]ospf 1 router-id 1.1.1.1
[R1-ospf-1]area 0
[R1-ospf-1-area-0.0.0.0]network 1.1.1.0 0.0.0.255
[R1-ospf-1-area-0.0.0.0]network 192.168.11.0 0.0.0.255
```

步骤 2:配置路由器 R2。

```
[R2]ospf 1 router-id 2.2.2.2
[R2-ospf-1]area 0
[R2-ospf-1-area-0.0.0.0]network192.168.11.0 0.0.0.255
[R2-ospf-1-area-0.0.0.0]network 192.168.23.0 0.0.0.255
[R2-ospf-1-area-0.0.0.0]network 2.2.2.0 0.0.0.255
```

步骤3：配置路由器R3。

```
[R3]ospf 1 router-id 3.3.3.3
[R3-ospf-1]area 0
[R3-ospf-1-area-0.0.0.0]network192.168.23.0 0.0.0.255
[R3-ospf-1-area-0.0.0.0]network192.168.34.0 0.0.0.255
[R3-ospf-1-area-0.0.0.0]network 3.3.3.0 0.0.0.255
```

步骤4：配置路由器R4。

```
[R4]ospf 1 router-id 4.4.4.4
[R4-ospf-1]area 0
[R4-ospf-1-area-0.0.0.0]network 4.4.4.0 0.0.0.255
[R4-ospf-1-area-0.0.0.0]network 192.168.34.0 0.0.0.255
```

- 技术要点

（1）OSPF 路由进程 ID 的范围必须在 1～65 535，而且只有本地含义，不同路由器的路由进程 ID 可以不同。

（2）确定 Router ID 遵循如下顺序。

① 最优先的是在 OSPF 进程中用命令"**router-id**"指定了路由器 ID。

② 如果没有在 OSPF 进程中指定路由器 ID，那么选择 IP 地址最大的环回接口的 IP 地址为 Router ID。

③ 如果没有环回接口，则选择最大活动的物理接口的 IP 地址为 Router ID。

（3）建议使用命令"router-id"来指定路由器 ID，这样可控性比较好。

（4）区域 ID 是在 0～4 294 967 295 内的十进制数，当网络区域 ID 为 0 时称为主干区域。

（5）用 network 来指定运行 OSPF 协议的接口，第一个参数是网络地址，第二个参数是反掩码，0 对应的位表示必须严格匹配，1 对应的位无须匹配。

步骤5：项目验证。

运行路由协议之后，每个路由器上均会生成路由表，以 R2 为例，可以用 **display ip routing-table** 命令来查看路由表。如图 5.3 所示，其中，Direct 表示直连路由，未运行 OSPF 前就有，OSPF 表示是 OSPF 协议生成的。可以找到去全部 7 个子网的路由，此时，路由器之间的任何 ping 测试都应该是通的。正是因为生成了完整的路由，保证了整个网络的连通性。

- 技术要点

以上输出表明路由器 R2 学到了 4 条 OSPF 路由，其中，路由条目"192.168.34.0/24OSPF 10 2 D 192.168.23.3 GigabitEthernet0/0/1"的含义如下。

（1）OSPF：路由条目是通过 OSPF 路由协议学习来的。

（2）192.168.34.0/24：目的网络。

（3）10：OSPF 路由协议的默认路由优先级。

（4）2：度量值（COST）。

（5）192.168.23.3：下一跳地址。

（6）GigabitEthernet 0/0/1：出接口。

```
<R2>dis ip routing-table
Route Flags: R - relay, D - download to fib
------------------------------------------------------------
Routing Tables: Public
         Destinations : 17    Routes : 17

Destination/Mask    Proto   Pre  Cost    Flags NextHop        Interface
        1.1.1.1/32  OSPF    10   1         D   192.168.12.1   GigabitEthernet
0/0/0
        2.2.2.0/24  Direct  0    0         D   2.2.2.2        LoopBack0
        2.2.2.2/32  Direct  0    0         D   127.0.0.1      LoopBack0
      2.2.2.255/32  Direct  0    0         D   127.0.0.1      LoopBack0
        3.3.3.3/32  OSPF    10   1         D   192.168.23.3   GigabitEthernet
0/0/1
        4.4.4.4/32  OSPF    10   2         D   192.168.23.3   GigabitEthernet
0/0/1
      127.0.0.0/8   Direct  0    0         D   127.0.0.1      InLoopBack0
      127.0.0.1/32  Direct  0    0         D   127.0.0.1      InLoopBack0
127.255.255.255/32  Direct  0    0         D   127.0.0.1      InLoopBack0
   192.168.12.0/24  Direct  0    0         D   192.168.12.2   GigabitEthernet
0/0/0
   192.168.12.2/32  Direct  0    0         D   127.0.0.1      GigabitEthernet
0/0/0
 192.168.12.255/32  Direct  0    0         D   127.0.0.1      GigabitEthernet
   192.168.23.0/24  Direct  0    0         D   192.168.23.2   GigabitEthernet
0/0/1
   192.168.23.2/32  Direct  0    0         D   127.0.0.1      GigabitEthernet
0/0/1
 192.168.23.255/32  Direct  0    0         D   127.0.0.1      GigabitEthernet
   192.168.34.0/24  OSPF    10   2         D   192.168.23.3   GigabitEthernet
0/0/1
255.255.255.255/32  Direct  0    0         D   127.0.0.1      InLoopBack0
```

图 5.3 项目验证

- 技术要点

度量值(cost)计算方法：cost 的计算公式为 $10^8/$带宽(b/s)，而且是所有链路入口的 cost 之和，路由条目"4.4.4.4"到路由器 R2 经过的入接口包括路由器 R4 的 loopback0，华为路由器的 loopback 接口的 cost 默认值为 0。还经过路由器 R3 的 g0/0/2，路由器 R2 的 g0/0/1，带宽为 10^9 b/s，这两个接口按照 cost 计算公式计算结果为 0.1，但 cost 值不会取小数，会取整，此时华为路由器认为千兆以太网接口的 cost 为 1，所以计算如下：0+1+1＝2。R2 到 4.4.4.4 这条路由的 cost 为 2。

可以用 bandwidth-reference 命令将所有路由器的带宽参考值设为 10 000，这里的 10 000 单位是 Mb/s。那么一个千兆以太网接口的 cost 就会是 10 了。

也可以直接通过命令"ipospf cost"设置接口的 cost 值。

5.3 子项目 2：多区域 OSPF

5.3.1 项目目的

通过本项目掌握：
(1) 在路由器上启动 OSPF 路由进程。
(2) 启用参与路由协议的接口，并且通告网络及所在的区域。
(3) 查看和调试 OSPF 路由协议相关信息。

5.3.2 项目背景

假设你是某集成商的高级技术支持工程师，现在为某企业设计一个网络，你选择了使用

OSPF 路由协议来构建。

5.3.3 项目任务

本项目将构建 OSPF 多个区域连接在骨干网络上，图 5.4 为实验拓扑图。

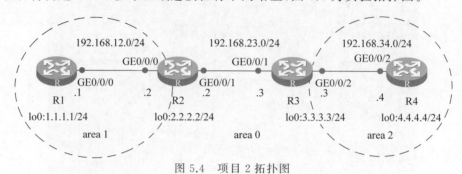

图 5.4 项目 2 拓扑图

5.3.4 项目步骤

步骤 1：配置路由器 R1。

```
[R1]ospf 1 router-id 1.1.1.1
[R1-ospf-1]area 1
[R1-ospf-1-area-0.0.0.1]network 1.1.1.0 0.0.0.255
[R1-ospf-1-area-0.0.0.1]network 192.168.11.0 0.0.0.255
```

步骤 2：配置路由器 R2。

```
[R2]ospf 1 router-id 2.2.2.2
[R2-ospf-1]area 1
[R2-ospf-1-area-0.0.0.1]network 192.168.11.0 0.0.0.255
[R2-ospf-1-area-0.0.0.1]area 0
[R2-ospf-1-area-0.0.0.0]network 2.2.2.0 0.0.0.255
[R2-ospf-1-area-0.0.0.0]network 192.168.23.0 0.0.0.255
```

步骤 3：配置路由器 R3。

```
[R3]ospf 1 router-id 3.3.3.3
[R3-ospf-1]area 0
[R3-ospf-1-area-0.0.0.0]network 3.3.3.0 0.0.0.255
[R3-ospf-1-area-0.0.0.0]network 192.168.23.0 0.0.0.255
[R3-ospf-1-area-0.0.0.0]area 2
[R3-ospf-1-area-0.0.0.2]network 192.168.34.0 0.0.0.255
```

步骤 4：配置路由器 R4。

```
[R4]ospf 1 router-id 4.4.4.4
[R4-ospf-1]area 2
[R4-ospf-1-area-0.0.0.2]network 192.168.34.0 0.0.0.255
```

```
[R4-ospf-1-area-0.0.0.2]quit
[R4-ospf-1]quit
[R4]ip route-static 0.0.0.0 0.0.0.0 LoopBack 0    //在 R4 上配置默认路由
[R4]ospf 1
[R4-ospf-1]default-route-advertise                //将默认路由发布到 OSPF 域内
```

步骤 5：项目调试。

用 display ospf peer 查看 R2 的 OSPF 邻居的详细信息，如图 5.5 所示。Area 0 中 192.168.23.0 网段的 DR 是 192.168.23.2，BDR 是 192.168.23.3。

```
<R2>display ospf peer
        OSPF Process 1 with Router ID 2.2.2.2
                Neighbors

 Area 0.0.0.0 interface 192.168.23.2(GigabitEthernet0/0/1)'s neighbors
 Router ID: 3.3.3.3          Address: 192.168.23.3
   State: Full  Mode:Nbr is  Master  Priority: 1
   DR: 192.168.23.2  BDR: 192.168.23.3  MTU: 0
   Dead timer due in 29  sec
   Retrans timer interval: 5
   Neighbor is up for 00:15:45
   Authentication Sequence: [ 0 ]

                Neighbors

 Area 0.0.0.1 interface 192.168.12.2(GigabitEthernet0/0/0)'s neighbors
 Router ID: 1.1.1.1          Address: 192.168.12.1
   State: Full  Mode:Nbr is  Slave   Priority: 1
   DR: 192.168.12.1  BDR: 192.168.12.2  MTU: 0
   Dead timer due in 34  sec
   Retrans timer interval: 5
   Neighbor is up for 00:18:21
   Authentication Sequence: [ 0 ]
```

图 5.5　查看 OSPF 邻居信息

可以用 display ospf peer brief 命令查看简要的 OSPF 邻居信息，如图 5.6 所示。可以看到 R2 有两个邻居 3.3.3.3 和 1.1.1.1，都建立了全邻接的关系。

```
<R2>display ospf peer brief
        OSPF Process 1 with Router ID 2.2.2.2
                Peer Statistic Information
 ----------------------------------------------------------------
 Area Id           Interface              Neighbor id       State
 0.0.0.0           GigabitEthernet0/0/1   3.3.3.3           Full
 0.0.0.1           GigabitEthernet0/0/0   1.1.1.1           Full
 ----------------------------------------------------------------
```

图 5.6　查看邻居信息

在 R2 上查看路由表，如图 5.7 所示。

在 R2 上查看 OSPF 路由，如图 5.8 所示。

```
//以上输出表明路由器 R2 的路由表中既有直连的路由 2.2.2.2、192.168.11.0、192.168.23.0，
//区域 0 内的路由 3.3.3.3，区域 1 内的 1.1.1.1，又有区域间的路由 192.168.34.0，还有外部区
//域的路由 0.0.0.0，在 R4 上发布默认路由就是为了构造自治系统外的路由
```

在 R1 上 ping 4.4.4.4，如图 5.9 所示，因为各个路由器有完整的路由，所以最远的两个网络之间也连通了。

表 5.1 为本章主要命令汇总。

```
<R2>dis ip routing-table
Route Flags: R - relay, D - download to fib
--------------------------------------------------------------------------------
Routing Tables: Public
         Destinations : 17       Routes : 17

Destination/Mask      Proto   Pre   Cost      Flags   NextHop          Interface

        0.0.0.0/0    O_ASE    150   1          D     192.168.23.3     GigabitEthernet
0/0/1
        1.1.1.1/32   OSPF     10    1          D     192.168.12.1     GigabitEthernet
0/0/0
        2.2.2.0/24   Direct   0     0          D     2.2.2.2          LoopBack0
        2.2.2.2/32   Direct   0     0          D     127.0.0.1        LoopBack0
        2.2.2.255/32 Direct   0     0          D     127.0.0.1        LoopBack0
        3.3.3.3/32   OSPF     10    1          D     192.168.23.3     GigabitEthernet
0/0/1
        127.0.0.0/8  Direct   0     0          D     127.0.0.1        InLoopBack0
        127.0.0.1/32 Direct   0     0          D     127.0.0.1        InLoopBack0
  127.255.255.255/32 Direct   0     0          D     127.0.0.1        InLoopBack0
     192.168.12.0/24 Direct   0     0          D     192.168.12.2     GigabitEthernet
0/0/0
     192.168.12.2/32 Direct   0     0          D     127.0.0.1        GigabitEthernet
0/0/0
   192.168.12.255/32 Direct   0     0          D     127.0.0.1        GigabitEthernet
0/0/0
     192.168.23.0/24 Direct   0     0          D     192.168.23.2     GigabitEthernet
0/0/1
     192.168.23.2/32 Direct   0     0          D     127.0.0.1        GigabitEthernet
0/0/1
   192.168.23.255/32 Direct   0     0          D     127.0.0.1        GigabitEthernet
0/0/1
     192.168.34.0/24 OSPF     10    2          D     192.168.23.3     GigabitEthernet
0/0/1
  255.255.255.255/32 Direct   0     0          D     127.0.0.1        InLoopBack0
```

图 5.7　路由表信息

```
<R2>dis ospf routing

        OSPF Process 1 with Router ID 2.2.2.2
             Routing Tables

Routing for Network
Destination         Cost   Type       NextHop         AdvRouter       Area
2.2.2.2/32          0      Stub       2.2.2.2         2.2.2.2         0.0.0.0
192.168.12.0/24     1      Transit    192.168.12.2    2.2.2.2         0.0.0.1
192.168.23.0/24     1      Transit    192.168.23.2    2.2.2.2         0.0.0.0
1.1.1.1/32          1      Stub       192.168.12.1    1.1.1.1         0.0.0.1
3.3.3.3/32          1      Stub       192.168.23.3    3.3.3.3         0.0.0.0
192.168.34.0/24     2      Inter-area 192.168.23.3    3.3.3.3         0.0.0.0

Routing for ASEs
Destination         Cost   Type       Tag             NextHop         AdvRouter
0.0.0.0/0           1      Type2      1               192.168.23.3    4.4.4.4

Total Nets: 7
Intra Area: 5  Inter Area: 1  ASE: 1  NSSA: 0
```

图 5.8　查看 OSPF 路由信息

```
<R1>ping 4.4.4.4
  PING 4.4.4.4: 56  data bytes, press CTRL_C to break
    Reply from 4.4.4.4: bytes=56 Sequence=1 ttl=253 time=230 ms
    Reply from 4.4.4.4: bytes=56 Sequence=2 ttl=253 time=50 ms
    Reply from 4.4.4.4: bytes=56 Sequence=3 ttl=253 time=30 ms
    Reply from 4.4.4.4: bytes=56 Sequence=4 ttl=253 time=30 ms
    Reply from 4.4.4.4: bytes=56 Sequence=5 ttl=253 time=40 ms

  --- 4.4.4.4 ping statistics ---
    5 packet(s) transmitted
    5 packet(s) received
    0.00% packet loss
    round-trip min/avg/max = 30/76/230 ms
```

图 5.9　验证连通性

表 5.1 命令汇总

命　　令	作　　用
[R3]ospf 1 router-id 3.3.3.3 [R3-ospf-1]area 0 [R3-ospf-1-area-0.0.0.0]network 3.3.3.0 0.0.0.255	进入 OSPF 进程 1，并指定 router-id 为 3.3.3.3 进入区域 0 通告 3.3.3.0 网络
display ip routing-table	声明网段和区域
display ospf routing	查看路由表
display ospf peer display ospf peer brief	查看 OSPF 进程及其细节

习题

1. 为什么没有生成相应的路由条目？
2. 将拓扑保存了，但是再次打开的时候，所有的配置都消失了，可能的原因是什么？
3. 怎样能查看接口的 cost 值呢？
4. 如果其中一条 network 命令输错了，想要删掉，怎么办？
5. 为什么不能进入 loopback 0 接口？排查可能的原因。
6. 实践没有成功，该如何着手排查错误呢？
7. 路由 OSPF 协议配置为什么要用反掩码？

第 6 章 虚拟局域网VLAN项目

在线习题

理论讲解

6.1 VLAN 简介

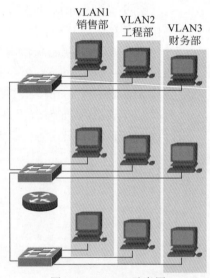

图 6.1　VLAN 示意图

虚拟局域网(Virtual LAN,VLAN)是交换机端口的逻辑组合。VLAN 工作在 OSI 的第二层,一个 VLAN 就是一个广播域,VLAN 之间的通信是通过第三层的路由器来完成的。如图 6.1 所示,公司的销售部、工程部和财务部相互独立,分成三个不同的 VLAN。同一部门之间,即同一 VLAN 间的通信,直接通过交换机实现。不同部门之间,即不同 VLAN 间的通信,则需要三层设备路由器来完成。

VLAN 具有以下优点。

(1) 控制网络的广播风暴。采用 VLAN 技术,可将某个交换端口划到某个 VLAN 中,而一个 VLAN 的广播风暴不会影响其他 VLAN 的性能。

(2) 确保网络安全。共享式局域网之所以很难保证网络的安全性,是因为只要用户插入一个活动端口,就能访问网络。而 VLAN 能限制个别用户的访问,控制广播组的大小和位置,甚至能锁定某台设备的 MAC 地址,因此,VLAN 能确保网络的安全性。

(3) 简化网络管理。网络管理员能借助于 VLAN 技术轻松管理整个网络。例如,需要为完成某个项目建立一个工作组网络,其成员可能遍及全国或全世界,此时,网络管理员只需设置几条命令,就能在几分钟内建立该项目的 VLAN,其成员使用 VLAN,就像在本地使用局域网一样。

VLAN 的分类主要有以下几种。

(4) 基于端口的 VLAN。基于端口的 VLAN 是划分虚拟局域网最简单也是最有效的方法,这实际上是某些交换端口的集合,网络管理员只需要管理和配置交换端口,而不管交换端口连接什么设备。

(5) 基于 MAC 地址的 VLAN。由于只有网卡才分配有 MAC 地址,因此按 MAC 地址来划分 VLAN 实际上是将某些工作站和服务器划属于某个 VLAN。事实上,该 VLAN 是一些 MAC 地址的集合。当设备移动时,VLAN 能够自动识别。网络管理需要管理和配置设备的 MAC 地址，显然当网络规模很大、设备很多时，会给管理带来难度。

当一个 VLAN 跨过不同的交换机时，在同一 VLAN 上但是却在不同的交换机上的计算机进行通信时需要实现 Trunk。Trunk 技术使得一条物理的线路上可以传送多个 VLAN 的数据。如图 6.1 所示的交换机之间的链路均需设置成 Trunk 链路，因为该链路有可能需要传送 VLAN1、VLAN2、VLAN3 的数据。交换机从属于某一个 VLAN（如 VLAN3）的端口接收到数据，在 Trunk 链路上进行传输前，会加上一个标记，表明该数据是 VLAN3 的；到了对方交换机，交换机把该标记去掉，只发送到属于 VLAN3 的端口上。

IEEE 802.1Q 是常见的帧标记技术，它在原有帧的源 MAC 地址字段后插入标记字段，同时用新的 FCS 字段替代原有的 FCS 字段，如图 6.2 所示。该技术是国际标准，得到所有厂商的支持。

DA (6B)	SA (6B)	Etype (8100) (2B)	Dot1Q Trunk Tag(2B)	Length/ Etype (2B)	Data (0~1500B)	FCS (4B)

图 6.2　IEEE 802.1Q 的字段含义

6.2　VLAN 间路由简介

1. 单臂路由

处于不同 VLAN 的计算机，即使它们是在同一交换机上，它们之间的通信也必须使用路由器。可以使每个 VLAN 上都有一个以太网口和路由器连接，采用这种方法，如果要实现 N 个 VLAN 间的通信，则路由器需要 N 个以太网接口，同时也会占用 N 个交换机上的以太网接口。单臂路由提供另一种解决方案，路由器只需要一个以太网接口和交换机连接，交换机的这个接口设置为 Trunk 接口。在路由器上常见多个子接口和不同的 VLAN 连接，子接口是路由器物理接口上的逻辑接口。工作原理如图 6.3 所示，当交换机收到 VLAN1 的计算机发送的数据帧后，从它的 Trunk 接口发送数据给路由器，由于该链路是 Trunk 链路，帧中带有 VLAN1 的标签，帧到了路由器后，如果数据要转发到 VLAN2 上，路由器将把数据帧的 VLAN1 标签去掉，重新用 VLAN2 的标签进行封装，通过 Trunk 链路发送到交换机上的 Trunk 接口；交换机收到该帧，去掉 VLAN2 标签，发送给 VLAN2 上的计算机，从而实现了 VLAN 间的通信。

图 6.3　路由器的子接口工作原理

2. 三层交换

单臂路由实现 VLAN 间的路由时转发速率较慢，实际上，在局域网内部多采用三层交换。三层交换机通常采用硬件来实现，其路由数据包的速率是普通路由器的几十倍。

从使用者的角度，可以把三层交换机看成二层交换机和路由器的组合，如图 6.4 所示，这个虚拟的路由器和每个 VLAN 都有一个接口进行连接，不过这些接口的名称是 VLAN1

或 VLAN2。交换机利用路由表形成转发信息库(FIB),FIB 和路由表是同步的。关键的是,FIB 的查询是硬件化的,其查询速度很快。除了 FIB 外,还有邻接表(Adjacency Table),该表和 ARP 表类似,主要放置了第二层的封装信息。FIB 和邻接表都是在数据转发之前就已经建立好了,这样一有数据要转发,交换机就能直接利用它们进行数据转发和封装,不需要查询路由表和发送 ARP 请求,所以 VLAN 间的路由速率大大提高。

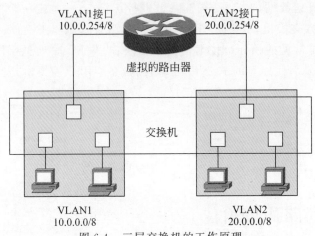

图 6.4 三层交换机的工作原理

实验讲解

6.3 子项目 1:划分 VLAN

6.3.1 项目目的

通过本项目,可以掌握如下技能。
(1) 熟悉 VLAN 的创建。
(2) 把交换机的接口划分到特定的 VLAN。

实验演示

6.3.2 项目背景

假设此交换机是宽带小区城域网中的一台楼道交换机,住户 PC1 连接在交换机的 F0/1 接口;住户 PC2 连接在交换机的 F0/2 接口,现在要实现各家各户的端口隔离。

6.3.3 项目功能

本项目将通过划分 VLAN 实现交换机的端口隔离。

6.3.4 项目任务

图 6.5 为实验拓扑图。

6.3.5 项目步骤

在未划分 VLAN 的时候,所有的接口都默认

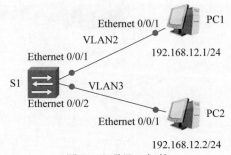

图 6.5 项目 1 拓扑

处于 VLAN1,此时,PC1 和 PC2 之间是能 ping 通的。接下来用 VLAN 实现端口的隔离。

步骤 1:在交换机上创建 VLAN。

[S1]**VLAN batch 2 3**

步骤 2:把端口划分到 VLAN 中。

[S1]**interfaceethernet 0/0/1**
[S1-Ethernet0/0/1]**port link-type access**
[S1-Ethernet0/0/1]**port default VLAN 2**
[S1-Ethernet0/0/1]**interface ethernet 0/0/2**
[S1-Ethernet0/0/2]**port link-type access**
[S1-Ethernet0/0/2]**port default VLAN 3**

步骤 3:项目验证,查看 VLAN。可见 Eth0/0/1 和 Eth0/0/2 分属于 VLAN2 和 VLAN3,如图 6.6 所示。所以此时,PC1 ping PC2 不通了,实现了端口的隔离。

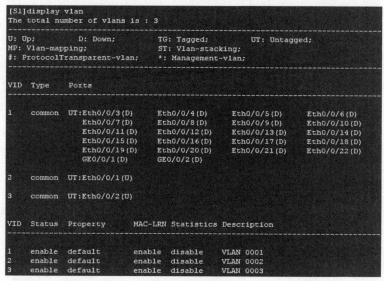

图 6.6 项目验证

6.4 子项目 2:Trunk 配置

6.4.1 项目目的

通过本项目,可以掌握配置交换机接口的 Trunk。

6.4.2 项目背景

假设某企业有两个主要部门:销售部和技术部。其中任意一个部门的个人计算机系统分散连接在两台交换机上,它们之间需要相互进行通信,但为了安全起见,销售部和技术部需要进行相互隔离,现要在交换机上做适当配置来实现这一目标。

6.4.3 项目功能

使在同一 VLAN 里的计算机能跨交换机进行通信,而在不同 VLAN 里的计算机不能进行通信。

6.4.4 项目任务

图 6.7 为实验拓扑图。

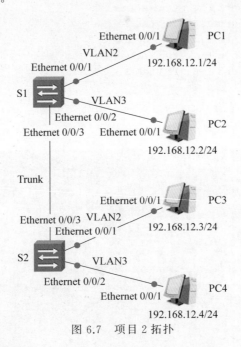

图 6.7 项目 2 拓扑

6.4.5 项目步骤

步骤 1：参考项目 1 的 VLAN 命令,在 S2 上创建 VLAN,并将端口按拓扑图划分到相应的 VLAN 下。

步骤 2：配置 Trunk。

```
[S1]int eth0/0/3
[S1-Ethernet0/0/3]port link-type trunk
[S1-Ethernet0/0/3]port trunk allow-pass VLAN 2 3


[S2]int eth0/0/3
[S2-Ethernet0/0/3]port link-type trunk
[S2-Ethernet0/0/3]port trunk allow-pass VLAN 2 3
```

步骤 3：项目验证,如图 6.8 所示可以查看 VLAN。

可以通过 ping 测试 PC1、PC2、PC3、PC4 之间的连通性,由于 PC1 和 PC3 在同一个 VLAN 上,所以 PC1 应该可以 ping 通 PC3,PC2 和 PC4 之间也能相互 ping 通。

```
<S2>dis vlan
The total number of vlans is : 3

U: Up;          D: Down;         TG: Tagged;         UT: Untagged;
MP: Vlan-mapping;                ST: Vlan-stacking;
#: ProtocolTransparent-vlan;     *: Management-vlan;
--------------------------------------------------------------------
VID  Type    Ports
--------------------------------------------------------------------
1    common  UT:Eth0/0/3(U)    Eth0/0/4(D)    Eth0/0/5(D)    Eth0/0/6(D)
                Eth0/0/7(D)    Eth0/0/8(D)    Eth0/0/9(D)    Eth0/0/10(D)
                Eth0/0/11(D)   Eth0/0/12(D)   Eth0/0/13(D)   Eth0/0/14(D)
                Eth0/0/15(D)   Eth0/0/16(D)   Eth0/0/17(D)   Eth0/0/18(D)
                Eth0/0/19(D)   Eth0/0/20(D)   Eth0/0/21(D)   Eth0/0/22(D)
                GE0/0/1(D)     GE0/0/2(D)

2    common  UT:Eth0/0/1(U)
             TG:Eth0/0/3(U)

3    common  UT:Eth0/0/2(U)
             TG:Eth0/0/3(U)

VID  Status  Property   MAC-LRN  Statistics  Description
--------------------------------------------------------------------
1    enable  default    enable   disable     VLAN 0001
2    enable  default    enable   disable     VLAN 0002
3    enable  default    enable   disable     VLAN 0003
```

图 6.8 查看 VLAN

6.5 子项目 3：单臂路由实现 VLAN 间通信

6.5.1 项目目的

（1）掌握路由器以太网接口上的子接口的配置。
（2）掌握用单臂路由实现 VLAN 间路由的配置。

6.5.2 项目背景

假设某企业有两个主要部门：销售部和技术部。两个部门处于不同的 VLAN 上，它们之间需要相互进行通信，而不同的 VLAN 之间无法直接进行通信，这时就可以通过单臂路由来实现 VLAN 间的通信。

6.5.3 项目功能

本项目将实现不同 VLAN 能相互进行访问的功能。

6.5.4 项目任务

图 6.9 是实验拓扑图。

6.5.5 项目步骤

步骤 1：在 S1 上划分 VLAN。

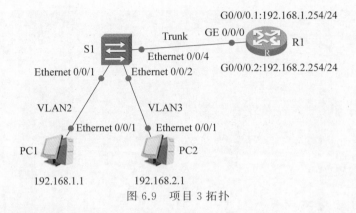

图 6.9 项目 3 拓扑

```
[S1]VLAN batch 2 3
[S1]int e0/0/1
[S1-Ethernet0/0/1]port link-type access
[S1-Ethernet0/0/1]port default VLAN 2
[S1-Ethernet0/0/1]int e0/0/2
[S1-Ethernet0/0/2]port link-type access
[S1-Ethernet0/0/2]port default VLAN 3
```

步骤2：要先把交换机上的以太网接口配置成 Trunk 接口。

```
[S1]interface e0/0/4
[S1-Ethernet0/0/4]port link-type trunk
[S1-Ethernet0/0/4]port trunk allow-pass VLAN 2 3
```

步骤3：在路由器的物理以太网接口下创建子接口，定义封装类型，配置 IP 地址，使能 ARP 广播。

```
[R1]interface g0/0/0.1
[R1-GigabitEthernet0/0/0.1]dot1q termination vid 2
                        //定义该子接口承载哪个 VLAN 的流量
[R1-GigabitEthernet0/0/0.1]ip address 192.168.1.254 24
                        //在子接口上配置 IP 地址，这个地址就是 VLAN2 的默认网关
[R1-GigabitEthernet0/0/0.1]arp broadcast enable  //放行 ARP 广播
[R1-GigabitEthernet0/0/0.1]int g0/0/0.2
[R1-GigabitEthernet0/0/0.2]dot1q termination vid 3
[R1-GigabitEthernet0/0/0.2]ip address 192.168.2.254 24
[R1-GigabitEthernet0/0/0.2]arp broadcast enable
```

步骤4：项目验证。

在 PC1 和 PC2 上配置 IP 地址和默认网关，PC1 的默认网关指向 192.168.1.254，PC2 的默认网关指向 192.168.2.254。测试 PC1 和 PC2 的连通性。结果如图 6.10 所示，表明 PC1 和 PC2 已经能相互通信。

```
PC>ping 192.168.2.1
Ping 192.168.2.1: 32 data bytes, Press Ctrl_C to break
From 192.168.2.1: bytes=32 seq=1 ttl=127 time=78 ms
From 192.168.2.1: bytes=32 seq=2 ttl=127 time=78 ms
From 192.168.2.1: bytes=32 seq=3 ttl=127 time=94 ms
From 192.168.2.1: bytes=32 seq=4 ttl=127 time=78 ms
From 192.168.2.1: bytes=32 seq=5 ttl=127 time=63 ms

--- 192.168.2.1 ping statistics ---
  5 packet(s) transmitted
  5 packet(s) received
  0.00% packet loss
  round-trip min/avg/max = 63/78/94 ms
```

图 6.10　ping 测试结果

6.6　子项目 4：三层交换机实现 VLAN 间通信

6.6.1　项目目的

通过本项目，读者可以掌握如下技能。
（1）理解三层交换机的概念。
（2）配置三层交换机。

6.6.2　项目背景

两个部门处于不同的 VLAN，但是它们不希望通过路由器来实现 VLAN 间通信，这时可以通过一台三层交换机实现 VLAN 间通信。

6.6.3　项目功能

本项目将实现不同 VLAN 能相互访问的功能。

6.6.4　项目任务

图 6.11 为实验拓扑图。

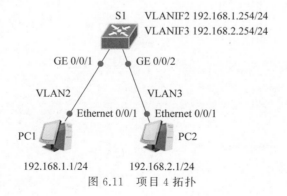

图 6.11　项目 4 拓扑

6.6.5　项目步骤

步骤 1：在 S1 上划分 VLAN。

```
[S1]VLAN batch 2 3
[S1-GigabitEthernet0/0/1]port link-type access
[S1-GigabitEthernet0/0/1]port default VLAN 2
[S1-GigabitEthernet0/0/2]port link-type access
[S1-GigabitEthernet0/0/2]port default VLAN 3
```

步骤 2：配置三层交换机。

```
[S1]interfaceVLANIF 2
[S1-VLANif2]ip address 192.168.1.254 24
[S1-VLANif2]quit
[S1]interfaceVLANIF 3
[S1-VLANif3]ip address 192.168.2.254 24
[S1-VLANif3]quit
//在 VLAN 接口上配置 IP 地址即可,VLAN 2 接口上的地址就是 PC1 的默认网关,VLAN 3 接口上的
//地址就是 PC2 的默认网关
```

步骤 3：项目验证。

在 PC1 和 PC2 上配置 IP 地址和网关,PC1 的网关指向 192.168.1.254,PC2 的网关指向 192.168.2.254。测试 PC1 和 PC2 的连通性。结果如图 6.12 所示,表明不同 VLAN 间已经可以相互通信。

```
PC>ping 192.168.2.1

Ping 192.168.2.1: 32 data bytes, Press Ctrl_C to break
From 192.168.2.1: bytes=32 seq=1 ttl=127 time=32 ms
From 192.168.2.1: bytes=32 seq=2 ttl=127 time=32 ms
From 192.168.2.1: bytes=32 seq=3 ttl=127 time=31 ms
From 192.168.2.1: bytes=32 seq=4 ttl=127 time=47 ms
From 192.168.2.1: bytes=32 seq=5 ttl=127 time=47 ms

--- 192.168.2.1 ping statistics ---
  5 packet(s) transmitted
  5 packet(s) received
  0.00% packet loss
  round-trip min/avg/max = 31/37/47 ms
```

图 6.12　验证结果

- 提示

可以在 S1 上检查路由表：

```
<S1>dis ip routing-table
Route Flags: R - relay, D - download to fib
------------------------------------------------------------
RoutingTables: Public
        Destinations : 6       Routes : 6

Destination/Mask    Proto   Pre  Cost     Flags NextHop         Interface

127.0.0.0/8         Direct  0    0          D   127.0.0.1       InLoopBack0
127.0.0.1/32        Direct  0    0          D   127.0.0.1       InLoopBack0
192.168.1.0/24      Direct  0    0          D   192.168.1.254   VLANif2
192.168.1.254/32    Direct  0    0          D   127.0.0.1       VLANif2
```

```
192.168.2.0/24      Direct  0  0        D  192.168.2.254   VLANif3
192.168.2.254/32    Direct  0  0        D  127.0.0.1       VLANif3
```

表 6.1 为本章主要命令汇总。

表 6.1 命令汇总

命　　令	作　　用
[S1]VLAN batch 2 3	创建 VLAN2 和 VLAN3
[S1]interfaceethernet 0/0/1 [S1-Ethernet0/0/1]port link-type access [S1-Ethernet0/0/1]port default VLAN2	将端口设为 access 模式 将端口划分到 VLAN2
[S1]int eth0/0/3 [S1-Ethernet0/0/3]port link-type trunk [S1-Ethernet0/0/3]port trunk allow-pass VLAN 2 3	将端口设为 Trunk 模式 允许 VLAN2 和 VLAN3 的流量通过
[R1]interface g0/0/0.1 [R1-GigabitEthernet0/0/0.1]dot1q termination vid 2 [R1-GigabitEthernet0/0/0.1]ip address 192.168.1.254 24 [R1-GigabitEthernet0/0/0.1]arp broadcast enable	进入 1 号逻辑子接口 定义该子接口承载哪个 VLAN 的流量 在子接口上配置 IP 地址 放行 ARP 广播
[S1]interfaceVLANif2 [S1-VLANif2]ip address 192.168.1.254 24	进入三层交换机的 VLAN2 接口 配置 IP 地址

习题

1. 划分 VLAN 的时候，一个是 VLAN2，另一个是 VLAN3，为什么不用 VLAN1 呢？
2. 项目 2 中同一 VLAN 的 PC 为什么无法 ping 通？
3. 在没有配置单臂路由或者三层交换之前，不同 VLAN 的 PC 能相互通信吗？
4. 项目 3 检查路由器配置和交换机配置都正确，为什么 PC 之间还是不能 ping 通？
5. 为什么三层交换机不在接口配置 IP 地址，而要到 VLAN 接口配置 IP 地址？

第7章 广域网链路PPP项目

7.1 概述

广域网(Wide Area Network,WAN)是一种跨地区的数据通信网络,通常是一个局域网到外部的接口,国际互联网是目前最大的广域网。一般的企业通常使用电信运营商提供的设备作为信息传输平台,例如,通过电话网、数据专线、光纤等连接到广域网。路由器的广域网接口经历了多次更新换代,常见的广域网接口有 V.24、V.35、ISDN、E1、POS 等。

路由器经常用于构建广域网。以华为 AR2200 系列企业路由器为例,AR2200 路由器可以灵活配置、便捷升级,满足多种接入需求。如图 7.1 所示 AR2200 支持多种接口卡,包括以太网接口卡、E1/T1/PRI/VE1 接口卡、同异步接口卡、ADSL2+/G.SHDSL 接口卡、FXS/FXO 语音卡、ISDN 接口卡、CPOS 接口卡、EPON/GPON 接口卡、3G/LTE 接口卡等。图 7.1 是华为 AR2220 的背板,下端为支持的接口卡。例如,2SA 是 2 端口同异步 WAN 接口卡,2E1-F 是 2 端口非通道化 E1/T1 WAN 接口卡,1POS 是 1 端口-POS 光口接口卡。本章项目采用 2SA,2 端口同异步 WAN 接口卡,它提供了两个串口。

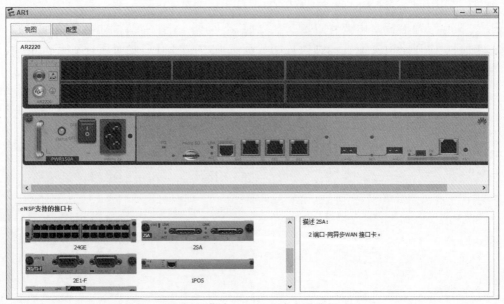

图 7.1 华为 AR2220 路由器背板

广域网链路的封装和以太网的封装有着非常大的差别。常见的广域网的封装有 HDLC、PPP(Point-to-Point Protocol)和 Frame-Relay 等,本章主要介绍 PPP。

广域网链路的封装常采用 PPP,如图 7.2 所示。数据帧从 PC1 到达 PC2 的过程中,帧格式每经过一种链路类型就发生一次变化。

(1) PC1 发出以太网帧,帧的源 MAC 为 PC1 的 MAC,目的 MAC 为 R1 的 f0/0 的 MAC。

(2) R1 查了路由表后,从 s0/0 发送出去时,帧为 PPP,没有 MAC 地址的概念。

(3) R2 查了路由表后,从 f0/0 发送出去时,帧又为以太网的帧,帧的源 MAC 为 R2 的 f0/0 的 MAC,帧的目的 MAC 为 PC2 的 MAC。

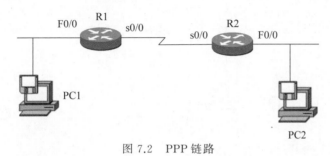

图 7.2　PPP 链路

PPP 会话的建立包括以下过程。

(1) 链路建立阶段:通信的发起方发送 LCP 帧来配置和检测数据链路。

(2) 认证阶段(可选):如果配置认证等,则在该阶段进行认证。

(3) 网络层协议阶段:通信的发起方发送 NCP 帧以选择并配置一个或多个网络层协议。

PPP 比 HDLC 有更多的功能,例如,认证。PPP 认证有两种:PAP 和 CHAP。

如图 7.3 所示,PAP(Password Authentication Protocol,密码验证协议)利用两次握手的简单方法进行认证,在 PPP 链路建立完毕后,被认证方不停地在链路上发送用户名和密码,直到验证通过。在 PAP 的验证中,密码在链路上是以明文传输的,而且由于是被认证方控制验证重试频率和次数,PAP 不能防范再生攻击和重复的尝试攻击。

图 7.3　PAP 两次握手

如图 7.4 所示,CHAP(Challenge Handshake Authentication Protocol,询问握手验证协议)利用三次握手周期地验证被认证方身份。CHAP 验证过程在链路建立之后进行,而且在以后的任何时候都可以再次进行。这使得链路更加安全,CHAP 不允许连接发起方在没有收到询问消息的情况下进行验证尝试。CHAP 不直接传送密码,只传送一个不可预测的询问消息,以及该询问消息与密码经过 MD5 加密运算后的加密值。所以 CHAP 可以防止再生攻击,CHAP 的安全性比 PAP 要高。

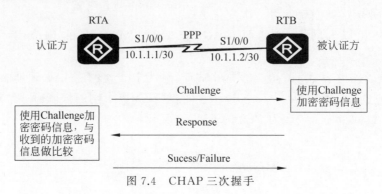

图 7.4 CHAP 三次握手

7.2 子项目 1：HDLC 封装

实验讲解

7.2.1 项目目的

通过本项目,可以掌握如下技能。
(1) 了解串行链路上的封装概念。
(2) HDLC 封装。

实验演示

7.2.2 项目背景

假设你是公司的网络管理员,公司总部有一台路由器 R1,R2 是分部的路由器。现在需要将总部网络和分部网络通过广域网联接起来。在广域网链路上尝试使用 HDLC 协议。

7.2.3 项目功能

本项目将在路由器的两端实现 HDLC 的封装,并在一个点到点的链路上建立通信连接。

7.2.4 项目任务

图 7.5 是项目拓扑图。

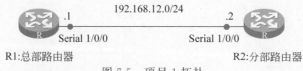

图 7.5 项目 1 拓扑

7.2.5 项目步骤

步骤 1：首先选择 AR2220,单击右键,选择"设置",添加"2SA"接口卡,注意要在关闭电源的情况下才能往插槽上安装接口卡。注意插入不同的插槽，接口的编号是不一样的，请务必留意接口编号。

然后，进行基本配置。在 R1、R2 上配置路由器名和 IP 地址，以保证直连链路的连通性。

```
<Huawei>sys
Enter system view, return user view with Ctrl+Z.
[Huawei]sysname R1
[R1]int s1/0/0
[R1-Serial1/0/0]ip add 192.168.11.1 24
```

步骤 2：改变串行链路两端的接口封装为 HDLC。

```
[R1-Serial1/0/0]link-protocol hdlc
Warning: The encapsulation protocol of the link will be changed. Continue? [Y/N]:
Y//接口下封装 HDLC 协议,会提示是否更改,输入 Y 即可
```

```
[R2-Serial1/0/0]link-protocol hdlc   //注意链路两端的路由器采用的封装协议应该相同。
//默认情况下,华为路由器采用 PPP
```

```
<R1>display interface Serial1/0/0
Serial1/0/0 current state : UP
Line protocol current state : UP
Last line protocol up time : 2020-11-20 15:21:12 UTC-08:00
Description:HUAWEI, AR Series, Serial1/0/0 Interface
Route Port,The Maximum Transmit Unit is 1500, Hold timer is 10(sec)
Internet Address is 192.168.11.1/24
Link layer protocol is nonstandard HDLC
Last physical up time   : 2020-11-20 15:17:56 UTC-08:00
Last physical down time : 2020-11-20 15:17:55 UTC-08:00
Current system time: 2020-11-20 15:29:37-08:00
Physical layer is synchronous, Virtualbaudrate is 64000 bps
Interface is DTE, Cable type is V11, Clock mode is TC
Last 300 seconds input rate 4 bytes/sec 32 bits/sec 0 packets/sec
Last 300 seconds output rate 2 bytes/sec 16 bits/sec 0 packets/sec
```

步骤 3：项目验证。测试 R1 和 R2 串行链路的连通性。如果链路的两端封装相同，则 ping 测试应该正常。

```
<R1>ping 192.168.11.2
  PING 192.168.11.2: 56   data bytes, press CTRL_C to break
    Reply from 192.168.11.2: bytes=56 Sequence=1 ttl=255 time=50 ms
    Reply from 192.168.11.2: bytes=56 Sequence=2 ttl=255 time=30 ms
    Reply from 192.168.11.2: bytes=56 Sequence=3 ttl=255 time=20 ms
    Reply from 192.168.11.2: bytes=56 Sequence=4 ttl=255 time=30 ms
    Reply from 192.168.11.2: bytes=56 Sequence=5 ttl=255 time=20 ms
```

```
--- 192.168.11.2 ping statistics ---
  5 packet(s) transmitted
  5 packet(s) received
  0.00% packet loss
  round-trip min/avg/max = 20/30/50 ms
```

7.3　子项目2：PPP+PAP认证

7.3.1　项目目的

通过本项目,可以掌握PAP认证的配置方法。

7.3.2　项目背景

假设你是公司的网络管理员,公司为了满足不断增长的业务要求,申请了专线接入,你的客户端路由器与ISP进行链路协商时要验证身份(使用PAP),请配置PPP和PAP。

7.3.3　项目功能

本项目将实现建立PPP链接,并使用PAP认证。

7.3.4　项目任务

图7.6为实验拓扑图。

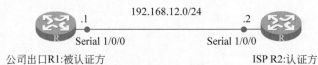

图7.6　项目2拓扑

7.3.5　项目步骤

在项目1的基础上继续本项目,两个路由器的端口都已配置好IP地址。假设R1是公司这边网络出口处远程客户端路由器,R2是ISP处的路由器。

步骤1：在双方路由器的广域网接口上配置PPP。

```
[R1-Serial1/0/0]link-protocol ppp
```

```
[R2-Serial1/0/0]link-protocol ppp
```

步骤2：在ISP路由器上(即认证方),为公司路由器即被认证方,设置用户名和密码。并配置认证方式为PAP认证。

```
[R2]aaa
```

```
[R2-aaa]local-user huawei password cipher huawei123
[R2-aaa]local-user huawei service-type ppp

[R2-Serial1/0/0]ppp authentication-mode pap
```

步骤3：在公司路由器上（即被认证方），配置发起PAP认证请求使用的用户名和密码。

```
[R1-Serial1/0/0]ppp pap local-user huawei password cipher huawei123
```

步骤4：项目验证。

```
<R1> debugging ppp pap packet     //开启debug，显示PAP packet交互信息
<R1> terminal debugging
<R1> display debugging

[R1]int s1/0/0
[R1-Serial1/0/0] shutdown         //先关闭接口，再打开接口，让PPP认证过程在debug信息
                                  //中重现
[R1-Serial1/0/0] undo shutdown
Nov 24 2020 10:19:53-08:00 R1 %%01IFPDT/4/IF_STATE(l)[46]:Interface Serial1/0/0
has turned into UP state.
[R1-Serial1/0/0]
Nov 24 2020 10:19:55-08:00 R1 %%01IFNET/4/LINK_STATE(l)[47]:The line protocol
PPP on the interface Serial1/0/0 has entered the UP state.
[R1-Serial1/0/0]
Nov 24 2020 10:19:55.747.3-08:00 R1 PPP/7/debug2:
  PPP Packet:
    Serial1/0/0 Output PAP(c023) Pkt, Len 25
    State Initial, code Request(01), id 1, len 21
    Host Len:  6  Name:huawei
[R1-Serial1/0/0]
Nov 24 2020 10:19:55.787.1-08:00 R1 PPP/7/debug2:
  PPP Packet:
    Serial1/0/0 Input   PAP(c023) Pkt, Len 52
    State SendRequest, code Ack(02), id 1, len 48
    Msg Len: 43  Msg:Welcome to use Quidway ROUTER, Huawei Tech.
//从以上信息可以看到PAP二次握手，首先被认证方发送PAP请求，然后认证方返回PAP确认

<R1>undo debugging all            //关闭debug
```

7.4 子项目3：PPP+CHAP认证

7.4.1 项目目的

通过本项目，可以掌握CHAP认证的配置方法。

实验演示

7.4.2 项目背景

假设你是公司的网络管理员,公司为了满足不断增长的业务要求,申请了专线接入,你的客户端路由器与 ISP 进行链路协商时要验证身份(使用 CHAP),配置路由器保证链路建立并考虑其安全性。

7.4.3 项目功能

本项目将实现建立 PPP 链接,并使用 CHAP 认证。

7.4.4 项目任务

图 7.7 为实验拓扑图。

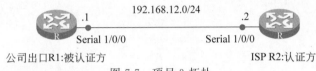

公司出口R1:被认证方　　　　　　　　　　　ISP R2:认证方

图 7.7　项目 3 拓扑

7.4.5 项目步骤

在项目 1 的基础上继续本项目,两个路由器的端口都已配置好 IP 地址。假设 R1 是公司这边网络出口处远程客户端路由器,R2 是 ISP 处的路由器。

步骤 1:在双方路由器的广域网接口上配置 PPP。

```
[R1-Serial1/0/0]link-protocol ppp
```

```
[R2-Serial1/0/0]link-protocol ppp
```

步骤 2:在 ISP 路由器即认证方,为公司路由器即被认证方,设置用户名和密码。并配置认证方式为 CHAP 认证。

```
[R2]aaa
[R2-aaa]local-user huawei password cipher huawei123
[R2-aaa]local-user huawei service-type ppp

[R2-Serial1/0/0]ppp authentication-mode CHAP
```

步骤 3:在公司路由器即被认证方,配置 CHAP 认证使用的用户名和密码。

```
[R1-Serial1/0/0]pppchap user huawei
[R1-Serial1/0/0]pppchap password cipher huawei123
```

步骤 4:项目验证。

```
<R1>debugging pppchap packet              //开启 debug,显示 CHAP packet 交互信息
```

```
<R1>terminal debugging
<R1>display debugging

[R1]int s1/0/0
[R1-Serial1/0/0]shutdown          //先关闭接口,再打开接口,让 PPP 认证过程在 debug 信息
                                  //中重现
[R1-Serial1/0/0]undo shutdown
[R1-Serial1/0/0]
Nov 24 2020 10:51:16.953.1-08:00 R2 PPP/7/debug2:
  PPP Packet:
      Serial1/0/0 Input   CHAP(c223) Pkt, Len 25
      State ListenChallenge, code Challenge(01), id 1, len 21
Value_Size:  16   Value: f1 8f 94 97 90 a2 8b  4 ff b0 77 26 16 89 65 96
      Name:
[R2-Serial1/0/0]
Nov 24 2020 10:51:16.953.2-08:00 R2 PPP/7/debug2:
  PPP Packet:
      Serial1/0/0 Output CHAP(c223) Pkt, Len 31
      State ListenChallenge, code Response(02), id 1, len 27
Value_Size:  16   Value: 81 cf d5 56 19 e0 6d f8 8c ed 8e c7 39 54 6d 6f
      Name: huawei
[R2-Serial1/0/0]
Nov 24 2020 10:51:16.973.1-08:00 R2 PPP/7/debug2:
  PPP Packet:
      Serial1/0/0 Input   CHAP(c223) Pkt, Len 20
      State SendResponse, code SUCCESS(03), id 1, len 16
      Message: Welcome to .
//从 debug 信息中可以看到 CHAP 认证的三次握手过程

<R1>undo debugging all           //关闭 debug
```

步骤 5：项目思考。

我们仅实现了单向认证,即被认证方到认证方去认证。许多场合中,需要配置双向认证,怎么配置呢?

表 7.1 为本章主要命令汇总。

表 7.1 命令汇总

命　　令	作　　用
[R2]aaa [R2-aaa]local-user huawei password cipher huawei123 [R2-aaa]local-user huawei service-type ppp	在认证方创建被认证方的用户名和密码
[R1-Serial1/0/0]link-protocol HDLC	把接口封装成 HDLC
[R1-Serial1/0/0]link-protocol PPP	把接口封装成 PPP
[R2-Serial1/0/0]ppp authentication-mode PAP	设置 PPP 的认证方式为 PAP
[R2-Serial1/0/0]ppp authentication-mode CHAP	设置 PPP 的认证方式为 CHAP

续表

命令	作用
[R1-Serial1/0/0]ppp pap local-user huawei password cipher huawei123	PAP认证时,被认证方向认证方发送的用户名和密码
[R1-Serial1/0/0]pppchap local-user huawei [R1-Serial1/0/0]pppchap password cipher huawei123	CHAP认证时,被认证方使用的用户名和密码
\<R1\>debugging pppchap packet \<R1\>terminal debugging \<R1\>display debugging	打开PPP的认证调试过程
\<R1\>undo debugging all	关闭debug

习题

1. 怎样知道串口编号?
2. 项目1中正确配置了串口的IP地址,但两个路由器却无法ping通,为什么?
3. debug如何关闭?
4. 项目2 PAP很顺利,但项目3 CHAP不成功,请排查可能的原因。

第 8 章 ACL 项目

在线习题

8.1 ACL 概述

理论讲解

访问控制列表(Access Control List,ACL)可以定义一系列不同的规则,设备根据这些规则对数据包进行分类,并针对不同类型的报文进行不同的处理,从而可以实现对网络访问行为的控制、限制网络流量、提高网络性能、防止网络攻击等。ACL 使用包过滤技术,在路由器上读取第三层以及第四层包头中的信息,如源地址、目的地址、源端口和目的端口等,根据预先定义好的规则对包进行过滤,从而达到访问控制的目的。

ACL 可分为基本 ACL、高级 ACL 和二层 ACL,区别见表 8.1。

表 8.1 不同 ACL 的区别

分类	编号范围	参数
基本 ACL	2000～2999	源 IP 地址等
高级 ACL	3000～3999	源 IP 地址、目的 IP 地址、源端口、目的端口等
二层 ACL	4000～4999	源 MAC 地址、目的 MAC 地址、以太帧协议类型等

基本 ACL 最简单,可以使用报文的源 IP 地址来匹配报文,其编号取值范围是 2000～2999。

高级 ACL 可以使用报文的源/目的 IP 地址、源/目的端口号以及协议类型等信息匹配报文。高级 ACL 可以定义比基本 ACL 更准确、更丰富、更灵活的规则,其编号取值范围是 3000～3999。

二层 ACL 可以使用源/目的 MAC 地址以及二层协议类型等二层信息来匹配报文,其编号取值范围是 4000～4999。

8.2 子项目 1:基本 ACL

实验讲解

8.2.1 项目目的

通过本项目可以掌握:
(1) ACL 设计原则和工作过程。
(2) 定义基本 ACL。

(3) 应用 ACL。
(4) 基本 ACL 调试。

8.2.2 项目背景

假设你是一个公司的管理员,公司的经理部门、财务部门和销售部门分属不同的三个网段。三个部门之间用路由器进行信息传递。安全起见,公司领导要求销售部门不能对财务部门进行访问,但经理部门可以对财务部门进行访问。

8.2.3 项目功能

本项目将实现网段间互相访问的安全控制。

8.2.4 项目任务

图 8.1 为实验拓扑图。

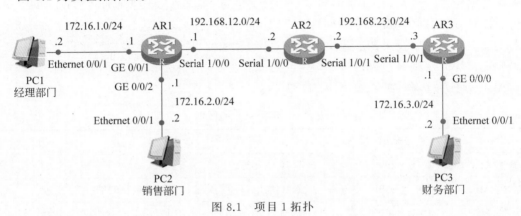

图 8.1 项目 1 拓扑

本项目拒绝 PC2 所在网段访问 PC3。整个网络配置单区域 OSPF 保证 IP 的连通性。

实验演示

8.2.5 项目步骤

步骤 1:如图 8.1 所示配置各接口 IP 地址,保证直连链路的连通性。
步骤 2:配置路由器的单区域 OSPF,保证整个网络的连通性。
查看各路由器的路由表,保证路由表的完整性。
从 PC1 ping PC3,保证连通性。
从 PC2 ping PC3,保证连通性。
步骤 3:在路由器 AR3 上配置基本 ACL。

```
[AR3]acl 2000                                    //定义基本 ACL
[AR3-acl-basic-2000]rule deny source 172.16.2.0 0.0.0.255
```

- 技术要点

"[AR3-acl-basic-2000]rule deny source 172.16.2.0 0.0.0.255"中的"0.0.0.255"是通配符掩码。一个 32b 的数字字符串,它规定了当一个 IP 地址与其他的 IP 地址进行比较时,该

IP 地址中哪些位应该被忽略。通配符掩码中的"1"表示忽略 IP 地址中相应的位,而"0"则表示该位必须匹配。两种特殊的通配符掩码是"255.255.255.255"和"0.0.0.0",前者等价于关键字"any",而后者相当于指明某一特定 IP 地址。

- 技术要点

访问控制列表表项的检查按自上而下的顺序进行,并且从第一个表项开始,所以须考虑在访问控制列表中定义语句的次序。

步骤 4:在接口下应用 ACL。

```
[AR3-acl-basic-2000]int g0/0/0
[AR3-GigabitEthernet0/0/0]traffic-filter outbound acl 2000
//在接口下应用 ACL
```

- 技术要点

注意基本访问控制列表,应用时尽量靠近目的。由于基本访问控制列表只使用源地址,如果将其靠近源,会阻止数据包流向其他端口。

例如,若在 AR1 的 g0/0/2 的 inbound 方向应用访问控制列表 2000,则 PC2 的所有包都会被拒绝,而实际想拒绝的仅仅是目的 IP 地址是 PC3 的包。

步骤 5:项目验证。用 PC1 ping 172.16.3.2,依然应该通。在 PC2 上 ping 172.16.3.2,现在由于部署了基本 ACL,应该不通了。

可用"display acl"命令来查看所定义的 IP 访问控制列表。

```
[AR3]display acl 2000
Basic ACL 2000, 1 rule
Acl's step is 5
rule 5 deny source 172.16.2.0 0.0.0.255 (5 matches)
```

以上输出表明路由器 AR3 上定义的基本访问控制列表编号为"2000",该基本访问控制列表中只有一条规则。ACL 规则的步长是 5,也就是第一条规则默认的规则编号是 5,如果还有第二条规则,则第二条规则的编号为 10。规则 5 过滤来自 172.16.2.0 的包,括号中的数字表示匹配条件的数据包的个数。

可用"display traffic-filter applied-record"命令查看设备上所有基于 ACL 进行报文过滤的应用信息,这些信息可以帮助用户了解报文过滤的配置情况并核对其是否正确,同时有助于进行相关的故障诊断和排查。

```
[AR3]display traffic-filter applied-record
-----------------------------------------------------------------
Interface                 Direction   AppliedRecord
-----------------------------------------------------------------
GigabitEthernet0/0/0      outbound    acl 2000
```

8.3 子项目 2：高级 ACL

8.3.1 项目目的

通过本项目可以掌握：
（1）定义高级 ACL。
（2）应用高级 ACL。
（3）高级 ACL 调试。

实验演示

8.3.2 项目背景

假设你是公司的网络管理员，要求销售部门所在的网段可以访问 AR2 上的 Telnet 服务，并拒绝财务部门所在的网段 ping 路由器 AR2。

8.3.3 项目功能

本项目将实现网段间互相访问的安全控制。

8.3.4 项目任务

图 8.2 为实验拓扑图。

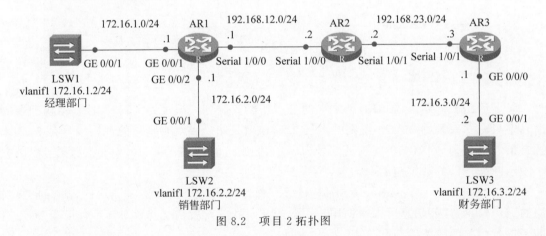

图 8.2　项目 2 拓扑图

本项目要求销售部门所在网段的主机只能访问路由器 AR2 的 Telnet 服务，而不能访问 AR2 的其他服务。财务部门所在网段不能 ping 路由器 AR2，而允许访问 AR2 的其他服务。而经理部门所在的网段既能访问 AR2 的 Telnet 服务，也能访问 ping 服务。整个网络配置单区域 OSPF 保证连通性。

8.3.5 项目步骤

步骤 1：如图 8.2 所示配置各 IP 地址，保证直连链路的连通性。
注意交换机配置，以 LSW3 为例。

```
[LSW3]int VLANif1
[LSW3-VLANif1]ip add 172.16.3.2 24  //设置 VLAN1 接口的 IP 地址作为交换机的管理地址
[LSW3]ip route-static 0.0.0.0 0.0.0.0 172.16.3.1
                                    //配置默认静态路由,指定下一跳为路由器网关
```

步骤 2：配置各路由器的单区域 OSPF,保证整个网络的连通性。

查看各路由器的路由表,保证路由表的完整性。

从 LSW1 ping AR2,保证连通性。

从 LSW2 ping AR2,保证连通性。

从 LSW3 ping AR2,保证连通性。

步骤 3：配置 AR2,开启 Telnet 服务。

```
[AR2]user-interface vty 0 4
[AR2-ui-vty0-4]set authentication password cipher 123456
//设置 Telnet 密码。
```

测试从 LSW1 telnet AR2,从 LSW2 telnet AR2,从 LSW3 telnet AR2,如图 8.3 所示都是成功的(以 LSW2 为例)。

图 8.3　测试连通性

步骤 4：配置高级 ACL 并在路由器 AR1 应用。

```
[AR1]acl 3000
[AR1-acl-adv-3000]rule permit tcp source 172.16.2.0 0.0.0.255 destination 192.
168.11.2 0.0.0.0 destination-port eq 23
[AR1-acl-adv-3000]rule permit tcp source 172.16.2.0 0.0.0.255 destination 192.
168.23.2 0.0.0.0 destination-port eq 23
[AR1-acl-adv-3000]ruledenyicmp source 172.16.2.0 0.0.0.255 destination 192.168.
11.2 0.0.0.0
[AR1-acl-adv-3000]ruledenyicmp source 172.16.2.0 0.0.0.255 destination 192.168.
23.2 0.0.0.0
//允许销售部门访问 AR2 的 Telnet,拒绝 ping 服务

[AR1]int g0/0/2
[AR1-GigabitEthernet0/0/2]traffic-filter inbound acl 3000
//在接口上应用 acl 3000
```

测试 LSW2 ping AR2,现在不通了,因为被 ACL 过滤了。

测试 LSW2 telnet AR2,现在依然成功,因为 ACL 允许 Telnet 通过。

步骤 5：配置高级 ACL 并在路由器 AR3 应用。

```
[AR3]acl 3001
[AR3-acl-adv-3001]rule deny icmp source 172.16.3.0 0.0.0.255 destination 192.
168.23.2 0.0.0.0
[AR3-acl-adv-3001]rule deny icmp source 172.16.3.0 0.0.0.255 destination 192.
168.11.2 0.0.0.0
//拒绝财务部门 ping AR2

[AR3-acl-adv-3001]int g0/0/0
[AR3-GigabitEthernet0/0/0]traffic-filter inbound acl 3001
//在接口上应用 acl 3001
```

测试 LSW3 ping AR2,现在不通了,因为被 ACL 过滤了。

测试 LSW3 telnet AR2,现在依然成功,因为 AR3 会将 ACL 规则匹配不上的包全部放行。

测试 LSW1 ping AR2,现在依然成功,因为没有 ACL 限制 LSW1 所在的网段。

测试 LSW1 telnet AR2,现在依然成功,因为没有 ACL 限制 LSW1 所在的网段。

• 技术要点

注意高级的访问控制列表,应用时一般尽量靠近过滤源。可以尽早过滤。

步骤 6:项目验证。在路由器 AR3 上查看访问控制列表 3001,如图 8.4 和图 8.5 所示。在路由器 AR2 上查看访问控制列表 3000 同理。

图 8.4　查看控制列表

```
<AR3>dis traffic-filter applied-record
--------------------------------------------------
Interface                Direction    AppliedRecord
--------------------------------------------------
GigabitEthernet0/0/0     inbound      acl 3001
```

图 8.5　查看控制列表

表 8.2 为本章主要命令汇总。

表 8.2　命令汇总

命　　令	作　　用
[AR3]acl 2000 [AR3-acl-basic-2000]rule deny source 172.16.2.0 0.0.0.255	定义基本 ACL,编号为 2000 创建基本 ACL 规则
[AR3-GigabitEthernet0/0/0] traffic-filter outbound acl 2000	将编号为 2000 的基本 ACL 在 g0/0/0 接口的出的方向应用
[AR3]display acl 2000	显示编号为 2000 的基本 ACL 的信息
[AR3]display traffic-filter applied-record	查看设备上所有基于 ACL 进行报文过滤的应用信息

续表

命 令	作 用
[AR3]acl 3001 [AR3-acl-adv-3001]rule deny icmp source 172.16.3.0 0. 0.0.255 destination 192.168.23.2 0.0.0.0 [AR3-acl-adv-3001]rule deny icmp source 172.16.3.0 0. 0.0.255 destination 192.168.11.2 0.0.0.0	定义高级 ACL，编号为 3001 创建高级 ACL 的规则
[AR3-GigabitEthernet0/0/0] traffic-filter inbound acl 3001	将编号为 3001 的高级 ACL 在 g0/0/0 接口的入的方向应用

习题

1. 项目 2 拓扑为什么不用 PC，而用二层交换机？
2. PC1 的 IP 地址设成 172.16.1.0，子网掩码设成 255.255.0.0，默认网关不设，为什么不对？
3. 路由协议为什么不能采用 RIP？
4. 项目 2 是否可以在项目 1 的拓扑上继续做？
5. 怎么理解"访问控制列表最后一条是隐含的允许所有(permit any)"？

第9章 NAT项目

9.1 NAT 概述

Internet 技术的飞速发展，使越来越多的用户加入 Internet。因此，IP 地址短缺已经成为一个十分突出的问题，NAT(Network Address Translation，网络地址翻译)是解决 IP 地址短缺的重要手段。NAT 是一个 IETK 标准，允许一个机构以一个地址出现在 Internet 上。NAT 技术使得一个私有网络可以通过 Internet 注册 IP 连接到外部世界，位于内部网络和外部网络边界的 NAT 路由器在发送数据包之前，负责把内部 IP 地址翻译成合法的 IP 地址。NAT 将每个局域网结点的 IP 地址转换成一个合法 IP 地址，反之亦然。它也可以应用在防火墙技术中，把个别 IP 地址隐藏起来不被外界发现，对内部网络设备起到保护的作用。同时，它还可以帮助网络超越地址的限制，合理地安排网络中的公有 Internet 地址和私有 IP 地址的使用。

华为支持的 NAT 有 5 种类型：静态 NAT、动态 NAT、网络地址端口地址转换(Network Address Port Translation，NAPT)、Easy IP 和 NAT 服务器。

1. 静态 NAT

在静态 NAT 中，内部网络中的每个主机都被永久映射成外部网络中的某个合法的地址。静态地址转换将内部本地地址与合法地址进行一对一的转换，且需要指定和哪个合法地址进行转换。

2. 动态 NAT

动态 NAT 首先要定义合法地址池，然后采用动态分配的方法映射到内部网络。动态 NAT 是动态的一对一映射。

3. NAPT

NAPT 则是把内部地址映射到外部网络的 IP 地址的不同端口上，从而可以实现多对一的映射。NAPT 对于节省 IP 地址是最为有效的。

4. Easy IP

Easy IP 允许将多个内部地址映射到网关出接口地址上的不同端口。适用于小规模局域网中的主机访问 Internet 的场景。

5. NAT 服务器

通过配置 NAT 服务器，可以使外网用户访问内网服务器。

9.2 子项目1：动态NAT

9.2.1 项目目的

通过本项目，可以掌握动态 NAT 的特性、动态 NAT 的配置和调试。

9.2.2 项目背景

实验讲解

现在某集团公司内部使用的是内部私有 IP 地址，该公司申请了 202.96.1.3～202.96.1.100 这些公网地址。假设你是该公司的网络管理员，请在出口路由器上配置动态 NAT，以便将内网用户的 IP 地址动态转换成一个合法的公网地址，从而确保内网用户能访问外网。

9.2.3 项目功能

本项目将实现内部 IP 地址和外部 IP 地址动态的一对一映射。

9.2.4 项目任务

图 9.1 为实验拓扑图。

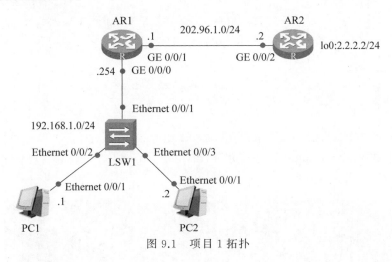

图 9.1　项目 1 拓扑

9.2.5 项目步骤

实验演示

步骤 1：如拓扑图所示配置 IP 地址。

项目验证：验证直联网络的连通性。PC1 和 PC2 都可以 ping 通默认网关 192.168.1.254。路由器 AR1 可以 ping 通 202.96.1.2，但是 AR1 不能 ping 通 2.2.2.2，PC1 和 PC2 目前也还不能 ping 通外网，例如 2.2.2.2。

步骤 2：配置 AR1 和 AR2 的路由协议，这里暂时用 OSPF 保证外网的连通性（用 BGP 更准确）。

```
[AR1]ospf 1 router-id 1.1.1.1
```

```
[AR1-ospf-1]area 0
[AR1-ospf-1-area-0.0.0.0]network 202.96.1.0 0.0.0.255
```

```
[AR2]ospf 1 router-id 2.2.2.2
[AR2-ospf-1]area 0
[AR2-ospf-1-area-0.0.0.0]network 2.2.2.0 0.0.0.255
[AR2-ospf-1-area-0.0.0.0]network 202.96.1.0 0.0.0.255
```

- 提示

AR1 在通告网络的时候,为什么不通告 192.168.1.0 网段呢?

因为现在跑路由协议,目的是使外网相互连通,而 192.168.1.0 是内网。

项目验证,此时,外网之间是通的。例如,AR1 能 ping 通 2.2.2.2。但是,由于目前没有 NAT 转换,内网 PC 无法 ping 通 2.2.2.2。

- 提示

此时还未配置 NAT,内网用户无法以公网地址合法访问外网。

步骤 3:配置路由器 AR1 提供 NAT 服务。

```
[AR1]nat address-group 1 202.96.1.3 202.96.1.100        //创建 NAT 地址池
[AR1]acl 2000                                            //创建访问控制列表
[AR1-acl-basic-2000]rule 5 permit source 192.168.1.0 0.0.0.255
//制定访问控制规则
[AR1-acl-basic-2000]quit
[AR1]int g0/0/1
[AR1-GigabitEthernet0/0/1]nat outbound 2000 address-group 1 no-pat
//将地址池和访问控制列表绑定,并在外网接口应用动态 NAT
```

项目验证,现在 PC1 和 PC2 都能 ping 通 2.2.2.2 了,因为有了 NAT 地址转换。

可以采用"**display nat address-group**"和"**display nat address-group 1**"验证动态 NAT 的配置情况,如图 9.2 和图 9.3 所示。

```
<AR1>display nat address-group 1
NAT Address-Group Information:
------------------------------------------
Index    Start-address    End-address
------------------------------------------
1        202.96.1.3       202.96.1.100
------------------------------------------
```

图 9.2　验证配置情况 1

```
<AR1>display nat outbound
NAT Outbound Information:
--------------------------------------------------------------
Interface                Acl    Address-group/IP/Interface    Type
--------------------------------------------------------------
GigabitEthernet0/0/1     2000                             1    no-pat
--------------------------------------------------------------
Total : 1
```

图 9.3　验证配置情况 2

还可以用"display nat session all"查看 NAT 会话的详细信息,如图 9.4 所示,可以看到转换的 IP 地址的详细信息。

第9章 NAT项目

```
<AR1>dis nat session all
 NAT Session Table Information:

   Protocol          : ICMP(1)
   SrcAddr    Vpn    : 192.168.1.2
   DestAddr   Vpn    : 2.2.2.2
   Type Code IcmpId  : 0   8   38567
   NAT-Info
     New SrcAddr     : 202.96.1.6
     New DestAddr    : ----
     New IcmpId      : ----

   Protocol          : ICMP(1)
   SrcAddr    Vpn    : 192.168.1.2
   DestAddr   Vpn    : 2.2.2.2
   Type Code IcmpId  : 0   8   38565
   NAT-Info
     New SrcAddr     : 202.96.1.4
     New DestAddr    : ----
     New IcmpId      : ----
```

图 9.4　查看地址详细信息

由于 ICMP 会话的生存周期只有 20s，所以如果 NAT 会话的显示结果中没有 ICMP 会话的信息，可以执行以下命令延长 ICMP 会话的生存周期，然后再执行 ping 命令后可查看到 ICMP 会话的信息。

[AR1]**firewall-nat session icmp aging-time 300**

9.3　子项目2：Easy IP

实验演示

9.3.1　项目目的

通过本项目可以掌握 Easy IP 的配置和调试。

9.3.2　项目背景

现在某集团公司内部使用的是内部私有 IP 地址，请在出口路由器上配置 Easy IP，以便能实现多对一的映射。

9.3.3　项目功能

Easy IP 是把内部地址映射到出口路由器所使用的出接口的公网 IP 地址的不同端口上，从而可以实现多对一的映射。

9.3.4　项目任务

图 9.5 是项目拓扑图，需要两台 PC，一台交换机，两台路由器。

9.3.5　项目步骤

步骤 1：IP 配置，路由协议配置同项目 1。
步骤 2：配置路由器 AR1 提供 Easy IP 服务。

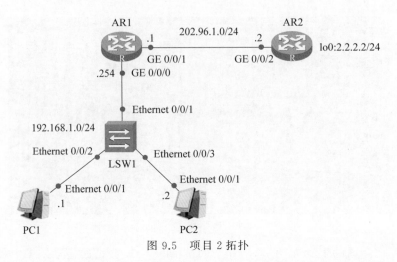

图 9.5 项目 2 拓扑

```
[AR1]acl 2000
[AR1-acl-basic-2000]rule 5 permit source 192.168.1.0 0.0.0.255
[AR1-acl-basic-2000]quit
[AR1]int g0/0/1
[AR1-GigabitEthernet0/0/1]nat outbound 2000
//在外网接口绑定访问控制列表,并应用 Easy IP
```

项目验证,在 PC1 和 PC2 上 ping 2.2.2.2,可以 ping 通。

另外,可以通过命令"display nat outbound"验证 NAT 类型,如图 9.6 所示。可以通过命令"display nat session all"查看 Easy IP 的 IP 地址转换详细信息,如图 9.7 所示。

```
<AR1>display nat outbound
NAT Outbound Information:
--------------------------------------------------------------
 Interface                Acl    Address-group/IP/Interface    Type
--------------------------------------------------------------
 GigabitEthernet0/0/1    2000               202.96.1.1        easyip
--------------------------------------------------------------
 Total : 1
```

图 9.6 地址转换信息

```
<AR1>display nat session all
 NAT Session Table Information:
   Protocol       : ICMP(1)
   SrcAddr   Vpn : 192.168.1.1
   DestAddr  Vpn : 2.2.2.2
   Type Code IcmpId : 0   8   39587
   NAT-Info
     New SrcAddr   : 202.96.1.1
     New DestAddr  : ----
     New IcmpId    : 10244

   Protocol       : ICMP(1)
   SrcAddr   Vpn : 192.168.1.1
   DestAddr  Vpn : 2.2.2.2
   Type Code IcmpId : 0   8   39586
   NAT-Info
     New SrcAddr   : 202.96.1.1
     New DestAddr  : ----
     New IcmpId    : 10243
```

图 9.7 IP 详细信息

表 9.1 为本章主要内容汇总。

表9.1 命令汇总

命　令	作　用
[AR1]nat address-group 1 202.96.1.3 202.96.1.100 [AR1]acl 2000 [AR1-acl-basic-2000]rule 5 permit source 192.168.1.0 0.0.0.255 [AR1-GigabitEthernet0/0/1]nat outbound 2000 address-group 1 no-pat	创建 NAT 地址池 创建访问控制列表 制定访问控制规则 将地址池和访问控制列表绑定，并在外网接口应用动态 NAT
[AR1]acl 2000 [AR1-acl-basic-2000]rule 5 permit source 192.168.1.0 0.0.0.255 [AR1-GigabitEthernet0/0/1]nat outbound 2000	创建访问控制列表 制定访问控制规则 在外网接口绑定访问控制列表，并应用 Easy IP
display nat address-group	查看地址池
display nat outbound	查看 NAT 应用的情况
display nat session all	查看 NAT 会话的详细信息

习题

1. 怎样利用项目1做项目2？
2. 为什么正确配置了 IP 地址、路由协议、NAT，PC 仍然 ping 不通 2.2.2.2 呢？
3. 哪些地址是私有地址？
4. NAT Server 和 NAT Static 的区别是什么？

第二部分　软件定义网络

第 10 章 SDN 环境搭建

在线习题

本章搭建 SDN(Software Defined Network,软件定义网络)环境,采用 Mininet 创建 SDN 拓扑,采用 Open vSwitch 作为 SDN 的转发平面(data plane),采用 OpenDayLight(ODL)作为 SDN 的控制平面(control plane)。

操作系统采用 Ubuntu。在 Windows 环境下,预先安装 VMware Workstation 和 Ubuntu。采用 Mininet 生成 SDN,Mininet 集成了 Open vSwitch,Open vSwitch 支持 OpenFlow 协议。OpenDayLight 也支持 OpenFlow 协议。

本章从 SDN 的起源说起,介绍 SDN 的体系架构。本章包含两个子项目,子项目 1 安装 VMware Workstation 和 Ubuntu,为后续项目提供操作系统环境基础。子项目 2 安装 Mininet 和 Open vSwitch 作为 SDN 的转发平面,安装 OpenDayLight 作为 SDN 的控制平面。安装 Wireshark,以便后续项目做协议分析。子项目 2 搭建一套完整的 SDN,为后续章节提供 SDN 环境。

10.1 SDN 概述

2006 年,SDN 诞生于美国 GENI 项目资助的斯坦福大学 Clean Slate 课题。以斯坦福大学 Nick McKeown 教授为首的研究团队提出了 OpenFlow 的概念用于校园网络的试验创新,后续基于 OpenFlow 给网络带来可编程的特性,SDN 的概念应运而生。Clean Slate 项目的最终目的是要重新发明 Internet,旨在改变设计已略显不合时宜,且难以进化发展的现有网络基础架构。

SDN 是一种网络设计理念,或者是一种推倒重来的设计思想。SDN 的理念是将原来封闭在通用网络硬件的控制平面抽取、独立出来并软件化为 SDN 控制器,这个控制器(Controller)如同网络的"大脑"控制网络中的所有设备,而原来的通用网络硬件只需要听从 SDN 控制器的命令进行"傻瓜式"转发就可以了。

SDN 的三大技术特征为控制平面和数据平面分离,逻辑上的集中控制,网络开放可编程。

SDN 体系架构如图 10.1 所示。通用硬件作为转发平面,SDN 控制器作为控制平面。SDN 控制器通过南向接口控制转发平面,OpenFlow 是一种典型的南向接口协议。SDN 控制器提供北向接口与 SDN 应用对接。

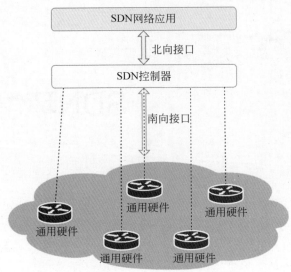

图 10.1　SDN 体系架构

实验演示

10.2　子项目 1：VMware Workstation 和 Ubuntu 的安装

10.2.1　项目目的

掌握 VMware Workstation 和 Ubuntu 的安装，为后续项目提供 Ubuntu 操作系统环境。

10.2.2　项目原理

VMware Workstation 是一款功能强大的桌面虚拟计算机软件，提供用户可在单一的桌面上同时运行不同的操作系统和进行开发、测试、部署新的应用程序的最佳解决方案。VMware Workstation 可在一部实体机器上模拟完整的网络环境，以及可便于携带的虚拟机器，其更好的灵活性与先进的技术胜过了市面上其他的虚拟计算机软件。对于企业的 IT 开发人员和系统管理员而言，VMware 在虚拟网络、实时快照、拖曳共享文件夹、支持 PXE 等方面的特点使它成为必不可少的工具。

作为 Linux 发行版中的后起之秀，Ubuntu 在短短几年时间里便迅速成长为从 Linux 初学者到实验室用计算机或服务器都适合使用的发行版，提供了一个健壮、功能丰富的计算环境。

10.2.3　项目任务

安装 VMware Workstation 17 和 Ubuntu 16.04。

软件环境为 VMware 17.0.0＋Ubuntu 16.04.7＋Mininet 2.3.1＋Karaf 0.7.3。

10.2.4　项目步骤

1. VMware Workstation 的安装

单击进入 VMware 官方网站（https://www.vmware.com/cn/products/workstation-pro/workstation-pro-evaluation.html），找到 Workstation 17 Pro for Windows 区块，单击"立即下载"，如图 10.2 所示。

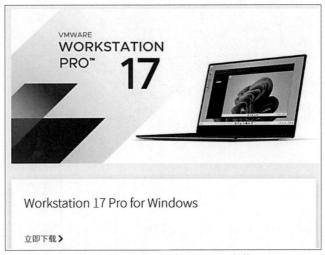

图 10.2　Workstation 17 Pro 安装

下载完成后，进行安装，安装时一直单击"下一步"按钮即可。

2. Ubuntu 的安装

单击进入 Ubuntu 官方网站（https：//releases.ubuntu.com/16.04.7/），下载 Ubuntu Desktop 官方镜像，这里选择 ubuntu-16.04.7-desktop-amd64.iso 版本，记住镜像的保存位置。

打开 VMware 软件，单击"创建新的虚拟机"，配置选择默认的"典型"，镜像文件选中刚才下载的系统镜像，如图 10.3 所示。

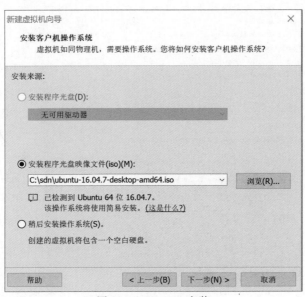

图 10.3　Ubuntu 安装

下一步到如图 10.4 所示界面，推荐选择"将虚拟磁盘存储为单个文件"。

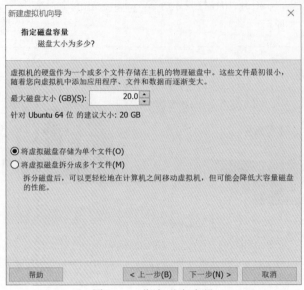

图 10.4　指定磁盘容量

单击"下一步"按钮,最后单击"完成"按钮即可。系统的安装过程需要较长的时间。

3. Ubuntu 的基础配置

步骤 1：更改 source code 源为国内的源。

Ubuntu Desktop 中选择 System Settings,单击 Software & Updates,勾选 Source code 复选框,更改 Download from 为中国的 http://mirrors.huaweicloud.com/repository/ubuntu,单击 Close 按钮,如图 10.5 所示。

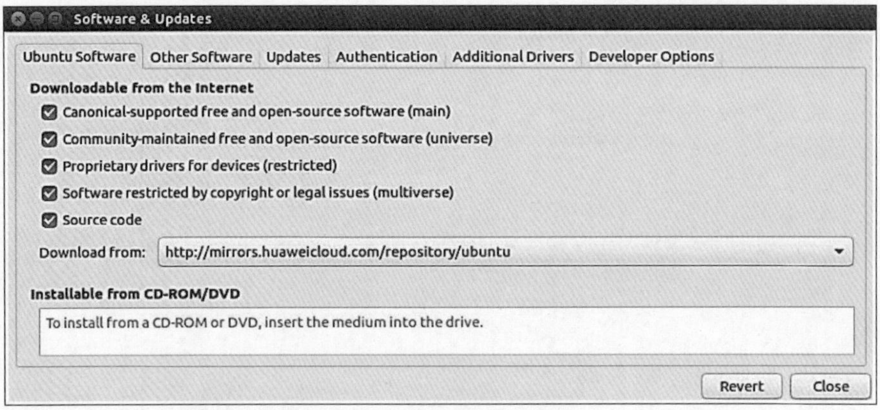

图 10.5　Ubuntu 的基础配置

步骤 2：创建 root 用户。

```
sudo passwd root
```

要求输入当前用户的密码,然后输入 root 用户的密码,重复输入密码确认,注意密码输入过程中不会回显。

步骤 3：切换为 root 用户。

```
su root
```

步骤 4：同步最新的软件包。

update 命令是用于同步 /etc/apt/sources.list 和 /etc/apt/sources.list.d 中列出的源的索引，这样才能获取最新的软件包。

upgrade 命令是升级已安装的所有软件包，升级之后的版本在本地索引。索引在执行 upgrade 之前必须执行 update，才能下载安装最新版软件。

```
apt-get update
apt-get upgrade
```

步骤 5：安装 git。

```
apt-get install git
```

10.3 子项目 2：SDN 环境搭建

实验演示

10.3.1 项目目的

掌握 Mininet、OpenDayLight 以及 Wireshark 的安装方法，为后续章节提供完整的 SDN 环境。

10.3.2 项目原理

Mininet 是一个网络仿真平台，它可以创建一个虚拟的网络拓扑，其中包含多个网络设备（如交换机、路由器、主机等），并可以在这个虚拟网络中运行和测试各种网络应用和协议。

OpenDayLight 是一个基于 SDN 的控制器平台，它提供了一个可编程的网络控制器，可以用来控制和管理 SDN 中的各种网络设备，如交换机、路由器等，并实现各种网络策略和功能，如流量管理、负载均衡、安全策略等。

本项目安装 Mininet 和 Open vSwitch 作为 SDN 的转发平面；安装 OpenDayLight 作为 SDN 的控制平面；安装 Wireshark，以便抓包分析，从而搭建一套完整的 SDN。

10.3.3 项目任务

完成 Mininet、OpenDayLight 和 Wireshark 的安装。

10.3.4 项目步骤

1. Mininet 概述与安装

Mininet 是一个轻量级软件定义网络和测试平台，它采用轻量级的虚拟化技术使一个单一的系统看起来像一个完整的网络运行相关的内核系统和用户代码，也可简单理解为 SDN 系统中的一种基于进程虚拟化平台，它支持 OpenFlow、Open vSwitch 等各种协议，Mininet 也可以在一台计算机上模拟一个完整的网络系统，有助于互动开发、测试和演示，尤其是那些使用 OpenFlow 和 SDN 技术的；同时也可将此进程虚拟化的平台下代码迁移到真实的环境中。

Mininet 是由一些虚拟的终端结点（end-hosts）、交换机、路由器连接而成的一个网络仿真器，它采用轻量级的虚拟化技术使得系统可以和真实网络相媲美。

Mininet 是 SDN 仿真器，用来创建控制器、交换机、主机等网络设备。Mininet 可以很方便地创建一个支持 SDN 的网络：host 就像真实的计算机一样工作，可以使用 ssh 登录，启动应用程序，程序可以向以太网端口发送数据包，数据包会被交换机、路由器接收并处理。有了这个网络，就可以灵活地为网络添加新的功能并进行相关测试，然后轻松部署到真实的硬件环境中。

下面介绍 Mininet 的安装步骤。

步骤 1：下载源码。

```
git clone http://github.com/mininet/mininet.git
```

下载完成后，如图 10.6 所示可以在当前文件夹下查看到 mininet 文件夹，这就是 Mininet 源码。

图 10.6　ls 命令查看当前文件夹下的文件

步骤 2：安装。

进入/mininet/util 目录，执行 install.sh 安装。安装之前可以先用-h 查看一下安装选项，如图 10.7 所示。

```
cd mininet
cd util
./install.sh -h
```

注意查看，-n 表示安装 Mininet 核心文件；-3 表示安装 OpenFlow 1.3；-v 表示安装 Open vSwitch。

图 10.7　Mininet 安装选项

安装 Mininet。

```
./install.sh -n3v
```

步骤 3：测试。

Mininet 安装完成后，输入 mn 命令测试，如图 10.8 所示。mn 表示创建一个默认的网络。包含两台主机 h1 和 h2，包含一台交换机 s1，将 h1 和 h2 分别与 s1 相连，控制器采用默认的 c0 控制器。

注意，现在的提示符显示变为 mininet>，表示已经进入 Mininet 控制台，可以使用各种 Mininet 命令了。

```
mn
```

```
root@ubuntu:/home/jr# mn
*** Creating network
*** Adding controller
*** Adding hosts:
h1 h2
*** Adding switches:
s1
*** Adding links:
(h1, s1) (h2, s1)
*** Configuring hosts
h1 h2
*** Starting controller
c0
*** Starting 1 switches
s1 ...
*** Starting CLI:
mininet>
```

图 10.8　mn 命令创建网络

在 Mininet 中，可以用 pingall 命令测试网络的连通性。

```
pingall
```

如图 10.9 所示，显示 h1 和 h2 之间互 ping 成功，表示网络连通。

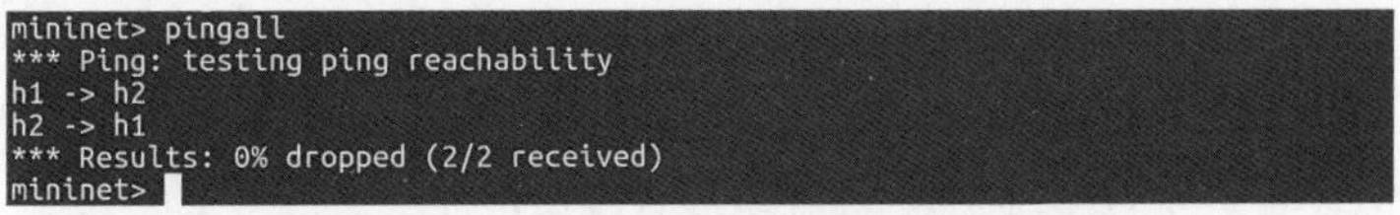

```
mininet> pingall
*** Ping: testing ping reachability
h1 -> h2
h2 -> h1
*** Results: 0% dropped (2/2 received)
mininet>
```

图 10.9　pingall 命令测试网络的连通性

可以用 exit 命令退出 Mininet。

```
exit
```

2. Open vSwitch 概述与安装

SDN 的诞生，打破了网络传统设备制造商领域。SDN 架构下，交换机要支持可编程能力，要能够理解控制器下发的流表。但是，第一，网络硬件设备制造商因为成本等因素不提供对硬件进行重新编程的能力；第二，核心 ASIC 芯片从设计、定型到市场推广所需的超长周期，使得芯片制造商不愿意对新协议和标准轻易试水，导致硬件缺乏可编程特性。

基于以上两个原因，斯坦福教授 Nick 的学生 Martin 提出解决办法。Martin 认为基于 x86 的虚拟交换机将会弥补传统硬件交换机转发面灵活性不足这一短板。2007 年 8 月的某一天，Martin 提交了第一个开源虚拟机，这个开源虚拟交换机在 2009 年 5 月正式被称为 Open vSwitch。

随后，OvS 交换得到学术界的认可，并逐步走向商业化。

Open vSwitch，顾名思义，Open 即开源的；v 是 virtual，即虚拟的；Switch 即交换机。通俗地讲就是一款开源的软件，可以创建虚拟的交换机。

在 SDN 的架构下，OvS 作为 SDN 交换机，向上连接控制器，向下连接主机。并且 Open vSwitch 交换机能够与真实物理交换机通信，相互交流数据。

如图 10.10 所示，虚拟机 VM1、VM2、VM3 通过 Open vSwitch 组网。Open vSwitch 能通过 OpenFlow 协议与控制器通信。Open vSwitch 也能与真实的硬件交换机相连。

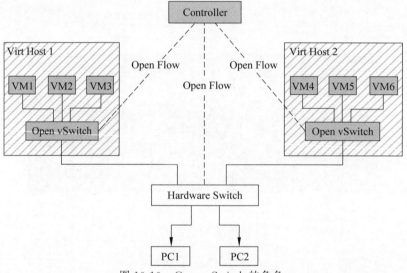

图 10.10　Open vSwitch 的角色

在上一部分安装 Mininet 的命令中，选择了选项 -v，表示已经安装了 Open vSwitch，Mininet 2.3.1 自带安装的 Open vSwitch 的版本是 2.5.9。

用以下命令查看 OvS 的版本号，如图 10.11 所示，确认 Open VSwitch 已被安装。若要用其他版本的 OvS，需要手动安装，详细请参考 15.1 节。

```
ovs-vsctl show
```

图 10.11　查看 OvS 的版本号

3. OpenDayLight 概述与安装

OpenDayLight 是一个高度可用、模块化、可扩展、支持多协议的控制器平台，可以作为 SDN 管理平面管理多厂商异构的 SDN。

ODL 控制器项目架构如图 10.12 所示。

ODL 在设计的时候遵循了 6 个基本的架构原则。

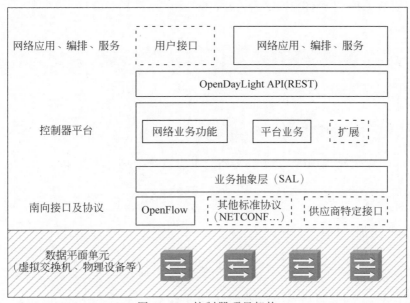

图 10.12　控制器项目架构

（1）运行时模块化和扩展化（Runtime Modularity and Extensibility）：支持在控制器运行时进行服务的安装、删除和更新。

（2）多协议的南向支持（Multiprotocol Southbound）：南向支持多种协议。

（3）服务抽象层（Service Abstraction Layer）：南向多种协议对上提供统一的北向服务接口。Hydrogen 版本全线采用 AD-SAL，Helium 版本 AD-SAL 和 MD-SAL 共存，Lithium 和 Beryllium 版本已基本使用 MD-SAL 架构。

（4）开放的可扩展北向 API（Open Extensible Northbound API）：提供可扩展的应用API，通过 REST 或者函数调用方式，两者提供的功能要一致。

（5）支持多租户、切片（Support for Multitenancy/Slicing）：允许网络在逻辑上（或物理上）划分成不同的切片或租户。控制器的部分功能和模块可以管理指定切片。控制器根据所管理的分片来呈现不同的控制观测面。

（6）一致性聚合（Consistent Clustering）：提供细粒度复制的聚合和确保网络一致性的横向扩展（scale-out）。

ODL 架构具备以下特点。

（1）南向接口支持 OpenFlow、Netconf、SNMP、PCEP 等标准协议，同时支持私有化接口。

（2）业务抽象层（SAL）保证上下层模块之间调用可以相互隔离，屏蔽南向协议差异，为上层功能模块提供一致性服务。

（3）采用 OSGI 体系结构，解决组件之间的隔离问题。

（4）使用 YANG 工具直接生成业务管理的"骨架"。

（5）OpenDayLight 拥有一个开源的分布式数据网格平台，该平台不仅能实现数据的存储、查找和监听，更重要的是它使得 OpenDayLight 支持控制器集群。

下面以安装 karaf-0.7.3 为例，介绍 OpenDayLight 的 Nitrogen 版本的安装。

步骤1：安装ODL依赖包。

安装工具vim。

```
apt-get install vim
```

安装Java JDK。

```
apt-get install openjdk-8-jdk
```

设置Java环境变量，编辑环境变量文档。重启系统使环境变量生效。

```
vim /etc/environment
```

文件最末尾增加一行：

```
JAVA_HOME="/usr/lib/jvm/java-8-openjdk-amd64"
```

注意，保存配置文档，重启系统，环境变量才能生效。重启系统，运行java -version查看版本，确认配置成功。

步骤2：下载ODL包。

登录OpenDayLight官网(https://www.OpenDayLight.org/downloads)，下载Nitrogen版本OpenDayLight(karaf-0.7.3.tar.gz)。

步骤3：解压ODL包到指定文件夹下，例如/home/XXX(用户名)目录下。

步骤4：修改配置。

进入karaf-0.7.3目录/home/XXX/karaf-0.7.3，修改etc/org.apache.karaf.management.cfg文件的以下两行内容。

```
rmiRegistryHost= 127.0.0.1
rmiServerHost= 127.0.0.1
```

步骤5：运行ODL。

进入karaf-0.7.3的bin目录执行./karaf，如图10.13所示，提示符显示，已经进入karaf控制台。

```
./karaf
```

打开新的终端，用ps -ef | grep karaf查看karaf进程是否启动，如图10.14所示。

```
ps -ef | grep karaf
```

也可以用以下netstat命令查看是否已经在这些端口监听，如图10.15所示。

```
netstat -anp | grep ":8181"
netstat -anp | grep ":6633"
netstat -anp | grep ":6653"
```

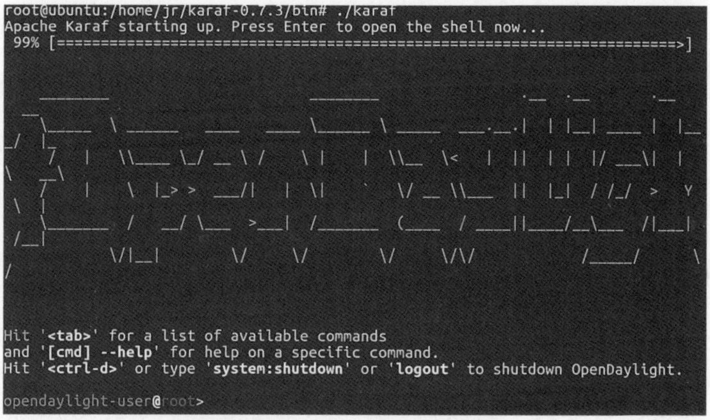

```
root@ubuntu:/home/jr/karaf-0.7.3/bin# ./karaf
Apache Karaf starting up. Press Enter to open the shell now...
 99% [=========================================================================>]

Hit '<tab>' for a list of available commands
and '[cmd] --help' for help on a specific command.
Hit '<ctrl-d>' or type 'system:shutdown' or 'logout' to shutdown OpenDaylight.

opendaylight-user@root>
```

图 10.13　进入 karaf 控制台

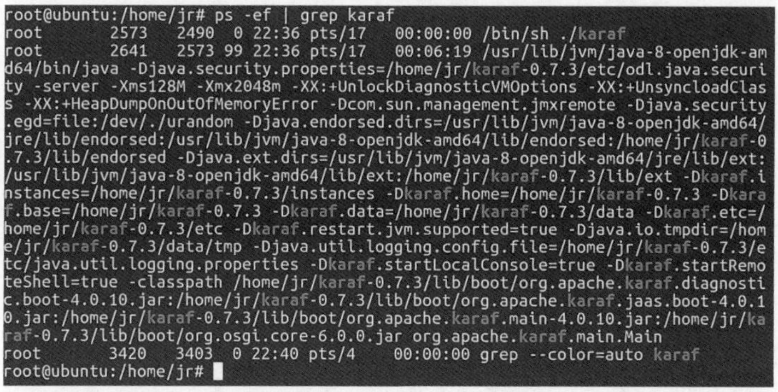

```
root@ubuntu:/home/jr# ps -ef | grep karaf
root      2573  2490  0 22:36 pts/17   00:00:00 /bin/sh ./karaf
root      2641  2573 99 22:36 pts/17   00:06:19 /usr/lib/jvm/java-8-openjdk-am
d64/bin/java -Djava.security.properties=/home/jr/karaf-0.7.3/etc/odl.java.securi
ty -server -Xms128M -Xmx2048m -XX:+UnlockDiagnosticVMOptions -XX:+UnsyncloadClas
s -XX:+HeapDumpOnOutOfMemoryError -Dcom.sun.management.jmxremote -Djava.security
.egd=file:/dev/./urandom -Djava.endorsed.dirs=/usr/lib/jvm/java-8-openjdk-amd64/
jre/lib/endorsed:/usr/lib/jvm/java-8-openjdk-amd64/lib/endorsed:/home/jr/karaf-0
.7.3/lib/endorsed -Djava.ext.dirs=/usr/lib/jvm/java-8-openjdk-amd64/jre/lib/ext:
/usr/lib/jvm/java-8-openjdk-amd64/lib/ext:/home/jr/karaf-0.7.3/lib/ext -Dkaraf.i
nstances=/home/jr/karaf-0.7.3/instances -Dkaraf.home=/home/jr/karaf-0.7.3 -Dkara
f.base=/home/jr/karaf-0.7.3 -Dkaraf.data=/home/jr/karaf-0.7.3/data -Dkaraf.etc=/
home/jr/karaf-0.7.3/etc -Dkaraf.restart.jvm.supported=true -Djava.io.tmpdir=/hom
e/jr/karaf-0.7.3/data/tmp -Djava.util.logging.config.file=/home/jr/karaf-0.7.3/e
tc/java.util.logging.properties -Dkaraf.startLocalConsole=true -Dkaraf.startRemo
teShell=true -classpath /home/jr/karaf-0.7.3/lib/boot/org.apache.karaf.diagnosti
c.boot-4.0.10.jar:/home/jr/karaf-0.7.3/lib/boot/org.apache.karaf.jaas.boot-4.0.1
0.jar:/home/jr/karaf-0.7.3/lib/boot/org.apache.karaf.main-4.0.10.jar:/home/jr/ka
raf-0.7.3/lib/boot/org.osgi.core-6.0.0.jar org.apache.karaf.main.Main
root      3420  3403  0 22:40 pts/4    00:00:00 grep --color=auto karaf
root@ubuntu:/home/jr#
```

图 10.14　查看 karaf 进程

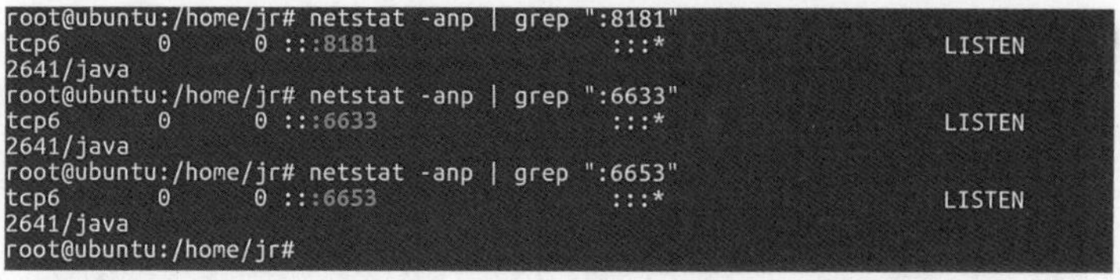

```
root@ubuntu:/home/jr# netstat -anp | grep ":8181"
tcp6       0      0 :::8181                 :::*                    LISTEN
2641/java
root@ubuntu:/home/jr# netstat -anp | grep ":6633"
tcp6       0      0 :::6633                 :::*                    LISTEN
2641/java
root@ubuntu:/home/jr# netstat -anp | grep ":6653"
tcp6       0      0 :::6653                 :::*                    LISTEN
2641/java
root@ubuntu:/home/jr#
```

图 10.15　查看端口

步骤 6：安装功能组件。

组件可根据自身的需要进行安装，这里只简单说明基础组件。

安装支持 REST API 的组件：

```
feature:install odl-restconf
```

安装 L2 switch：

```
feature:install odl-l2switch-switch-ui
```

安装基于 karaf 控制台的 md-sal 控制器功能，包括 nodes、Yang UI、Topology：

```
feature:install odl-mdsal-all
```

安装 DLUX 功能：

```
feature:install odl-dluxapps-applications
```

安装 dlux 应用界面所需要的其他插件：

```
feature:install odl-dlux-core odl-dluxapps-nodes odl-dluxapps-topology odl-dluxapps-yangui odl-dluxapps-yangvisualizer odl-dluxapps-yangman
```

安装完成后，可以使用 feature：list -i 来查看已安装功能。

卸载已安装功能，必须关闭 OpenDayLight，删除对应的数据目录，然后重启 OpenDayLight。

安装组件功能以后需重新启动 Karaf。

步骤 7：登录管理 Web UI。

在浏览器中输入"http://localhost：8181/index.html"，登录 OpenDayLight 的 Web 管理界面，用户名和密码都是 admin，如图 10.16 和图 10.17 所示。

步骤 8：退出 ODL。

注意在 Karaf 中也就是运行 OpenDayLight 的终端 terminal 中，可以用 system：shutdown 关闭系统，退出 Karaf，如图 10.18 所示。同样也可运行 halt 命令退出 Karaf。注意：进入 Karaf 的控制台后，按 Tab

图 10.16 OpenDayLight 的 Web 登录界面

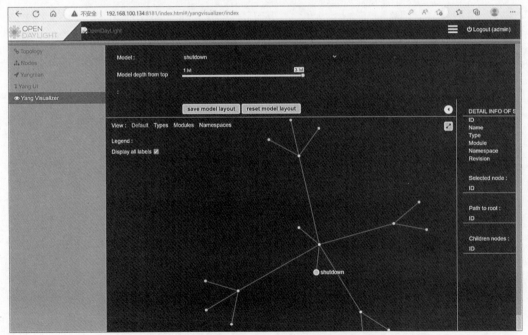

图 10.17 OpenDayLight 的 Web 管理界面

键即可显示目前所有可用的命令。

```
system:shutdown
```

图 10.18　关闭系统

4. Wireshark 概述与安装

Wireshark(前称 Ethereal)是一个网络封包分析软件。网络封包分析软件的功能是截取网络封包,并尽可能显示出最为详细的网络封包资料。Wireshark 使用 WinPACA 作为接口,直接与网卡进行数据报文交换。

下面介绍 Wireshark 的安装。

步骤 1：安装 Wireshark。

进入根用户模式,输入"apt-get install wireshark",安装 Wireshark,输入"Y",选择 yes。

```
apt-get install wireshark
```

步骤 2：使用 Wireshark。

命令行输入"wireshark"打开 Wireshark,选择 any 查看抓包,如图 10.19 所示。

```
wireshark
```

图 10.19　选择 any 查看抓包

图 10.20 显示抓包情况,可以选择感兴趣的包,查看包的各层封装,也可以查看原始数据。

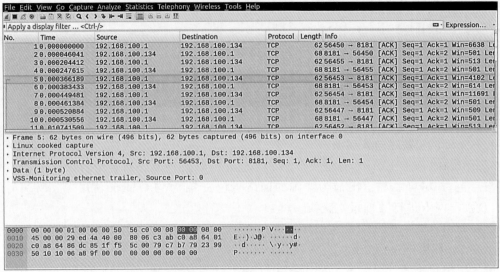

图 10.20　显示抓包情况

习题

1. SDN 的三大技术特征是什么？
2. 怎么测试已经安装好的 Mininet？
3. 本项目中 SDN 的转发平面和控制平面分别通过什么软件来体现？
4. 在 Windows 环境下安装 VMware Workstation 和 Ubuntu 的目的是什么？
5. 为什么需要安装 Wireshark？在 SDN 中，Wireshark 的主要用途是什么？

第 11 章 Mininet创建SDN实战

在线习题

本章首先介绍 Mininet 的常用命令，然后介绍三种不同的方法在 Mininet 中创建网络拓扑。第一种方法用 Mininet 的命令行创建网络拓扑；第二种方法用 MiniEdit 图形化创建网络拓扑；第三种方法用 Mininet 脚本创建网络拓扑。

理论讲解

11.1 Mininet 常用命令

- mininet＞help：获取帮助列表。
- mininet＞nodes：查看网络拓扑中结点的状态。
- mininet＞links：显示链路健壮性信息。
- mininet＞net：显示网络拓扑。
- mininet＞dump：显示每个结点的接口设置和表示每个结点的进程的 pid。
- mininet＞pingall：在网络中的所有主机之间进行 ping 测试。
- mininet＞pingpair：只测试前两个主机的连通性。
- mininet＞iperf：两个结点之间进行 iperftcp 带宽测试（例：iperf h1 h2）。
- mininet＞iperfudp：两个结点之间进行 iperfudp 带宽测试（例：iperfudp bw h1 h2）。
- mininet＞link：禁用或启用结点间链路（例1：link s1 s2 up 启用。例2：link s1 s2 down 禁用）。
- mininet＞h1 ping h2：h1 和 h2 结点间执行 ping 测试。
- mininet＞h1 ifconfig：查看 host1 的 IP 信息。
- mininet＞xterm h1：打开 host1 的终端。
- mininet＞exit：退出 Mininet 登录。

11.2 子项目1：用 Mininet 命令行创建网络拓扑

实验演示

11.2.1 项目目的

在 Mininet 中用命令行创建不同拓扑结构的 SDN。

11.2.2 项目原理

Mininet 会解析命令行参数，根据参数指定的拓扑结构、交换机类型和控制器类型等信息,来创建和配置虚拟网络拓扑。Mininet 会在 Linux 内核中创建多个网络命名空间,每个网络命名空间相当于一个隔离的网络环境,其中包含一些虚拟网络设备(如虚拟网卡、虚拟交换机等)。Mininet 会在每个网络命名空间中创建一个或多个虚拟交换机,它们负责实现数据包的转发和广播功能。Mininet 会使用虚拟交换机之间的虚拟链路,将它们连接起来,形成一个完整的虚拟网络拓扑。Mininet 会根据命令行参数指定的控制器类型和地址,来配置控制器与虚拟交换机之间的连接,使得控制器能够对虚拟网络进行管理和控制。

Mininet 创建网络拓扑的常用参数如下。

- -c:释放之前创建拓扑时占用的未释放的资源。
- -h:查看帮助。
- --topo:在 Mininet 启动时通过命令行定义拓扑。
- --custom:用于创建自定义拓扑。
- --switch:定义要使用的交换机,默认使用 OVSK 交换机。
- --controller:定义要使用的控制器,如果没有指定,则使用 Mininet 中默认的控制器。
- --mac:自动设置设备的 MAC 地址,从而使 MAC 地址更易读。

11.2.3 项目任务

在 Mininet 中以命令行方式创建三种拓扑:单一拓扑、线性拓扑和树状拓扑。

软件环境:VMware 17.0.0+Ubuntu 16.04.7+Mininet 2.3.1。

11.2.4 项目步骤

图 11.1 为实验拓扑。

图 11.1 单一拓扑

在根用户模式下输入“mn --topo=single,3”,如图 11.2 所示,创建一个单一交换机的拓扑,该拓扑含有一个交换机 s1,三台主机 h1、h2 和 h3,三台主机与 s1 相连,拓扑如图 11.1 所示。

```
mn --topo=single,3
```

```
root@ubuntu:/home/jr# mn --topo=single,3
*** Creating network
*** Adding controller
*** Adding hosts:
h1 h2 h3
*** Adding switches:
s1
*** Adding links:
(h1, s1) (h2, s1) (h3, s1)
*** Configuring hosts
h1 h2 h3
*** Starting controller
c0
*** Starting 1 switches
s1 ...
*** Starting CLI:
```

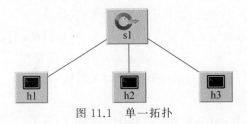

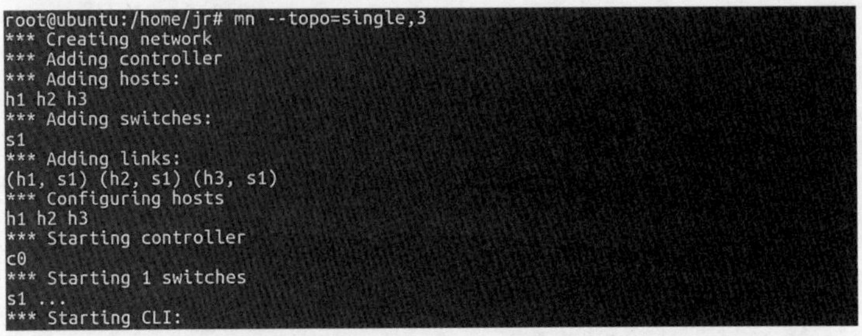

图 11.2 创建一个单一交换机的拓扑

通过 links、nodes、pingall 验证建立的拓扑，如图 11.3 所示。

```
links
```

```
nodes
```

```
pingall
```

```
mininet> links
h1-eth0<->s1-eth1 (OK OK)
h2-eth0<->s1-eth2 (OK OK)
h3-eth0<->s1-eth3 (OK OK)
mininet> nodes
available nodes are:
c0 h1 h2 h3 s1
mininet> pingall
*** Ping: testing ping reachability
h1 -> h2 h3
h2 -> h1 h3
h3 -> h1 h2
*** Results: 0% dropped (6/6 received)
```

图 11.3　验证建立的拓扑

使用 exit 命令退出 Mininet，如图 11.4 所示。

```
exit
```

```
mininet> exit
*** Stopping 1 controllers
c0
*** Stopping 3 links
...
*** Stopping 1 switches
s1
*** Stopping 3 hosts
h1 h2 h3
*** Done
completed in 74.801 seconds
```

图 11.4　退出 Mininet

图 11.5 为线性拓扑。

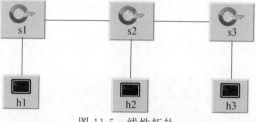

图 11.5　线性拓扑

在根用户模式下输入"mn --topo=linear,3"，创建一个线性拓扑。如图 11.6 所示，该线性拓扑包含三台交换机、三台主机，连接关系如图 11.5 所示。

```
mn --topo=linear,3
```

通过 links、nodes、pingall 验证建立的拓扑。exit 退出 Mininet。

```
root@ubuntu:/home/jr# mn --topo=linear,3
*** Creating network
*** Adding controller
*** Adding hosts:
h1 h2 h3
*** Adding switches:
s1 s2 s3
*** Adding links:
(h1, s1) (h2, s2) (h3, s3) (s2, s1) (s3, s2)
*** Configuring hosts
h1 h2 h3
*** Starting controller
c0
*** Starting 3 switches
s1 s2 s3 ...
*** Starting CLI:
```

图 11.6　创建一个线性拓扑

```
links
nodes
pingall
exit
```

图 11.7 为树状拓扑。

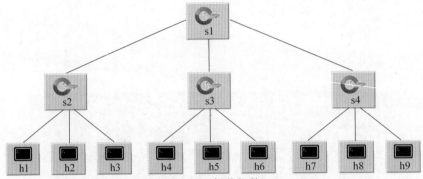

图 11.7　树状拓扑

如图 11.8 所示,在根用户模式下输入"mn --topo=tree,depth=2,fanout=3"创建树状拓扑,深度为 2,扇出为 3。如图 11.7 所示拓扑,包含两层架构交换机,第一层一台交换机 s1,第二层交换机数量为扇出数 3,即三台交换机 s2、s3、s4。s2、s3、s4 下各挂三台主机。

```
mn --topo=tree,depth=2,fanout=3
```

```
root@ubuntu:/home/jr# mn --topo=tree,depth=2,fanout=3
*** Creating network
*** Adding controller
*** Adding hosts:
h1 h2 h3 h4 h5 h6 h7 h8 h9
*** Adding switches:
s1 s2 s3 s4
*** Adding links:
(s1, s2) (s1, s3) (s1, s4) (s2, h1) (s2, h2) (s2, h3) (s3, h4) (s3, h5) (s3, h6)
(s4, h7) (s4, h8) (s4, h9)
*** Configuring hosts
h1 h2 h3 h4 h5 h6 h7 h8 h9
*** Starting controller
c0
*** Starting 4 switches
s1 s2 s3 s4 ...
*** Starting CLI:
```

图 11.8　创建树状拓扑

通过 links、nodes、pingall 验证建立的拓扑。exit 退出 Mininet。

```
links
nodes
pingall
exit
```

11.3　子项目 2：用 MiniEdit 图形化创建网络拓扑

实验演示

11.3.1　项目目的

在 Mininet 中图形化创建网络拓扑。

11.3.2　项目原理

Mininet 2.3.0 内置了一个 Mininet 可视化工具 MiniEdit。MiniEdit 在 /home/XXX/mininet/examples 目录下提供 miniedit.py 脚本。执行脚本后将显示 Mininet 的可视化界面，在界面上可进行自定义拓扑和自定义设置。

11.3.3　项目任务

Mininet 中图形化创建如图 11.9 所示拓扑，包含两台 OpenFlow 交换机、三台主机，使用远程 OpenDayLight 控制器。最后通过 OpenDayLight 的 Web UI 查看网络拓扑。

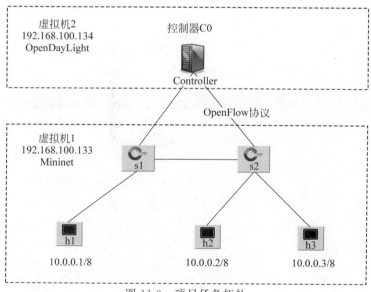

图 11.9　项目任务拓扑

11.3.4　项目步骤

步骤 1：在虚拟机 1 中打开 MiniEdit。进入根用户模式，输入 "cd Mininet"，再输入 "cd examples"，输入 "./miniedit.py"，打开 MiniEdit，进入图形化界面。

```
cd mininet
cd examples
./miniedit.py
```

步骤 2：根据 11.3.3 节项目任务，在 MiniEdit 中设计网络拓扑，如图 11.10 所示。

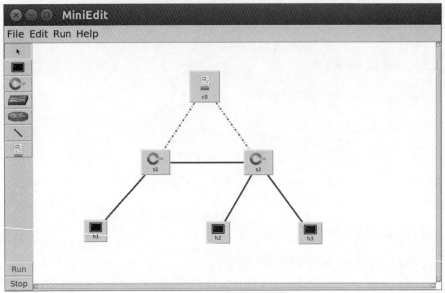

图 11.10　设计网络拓扑

步骤 3：配置属性。

单击 Edit 菜单，选择 Preferences。配置 IP Base 为"10.0.0.0/8"，勾选 Start CLI 复选框，勾选 OpenFlow 1.3 复选框，单击 OK 按钮，如图 11.11 所示。

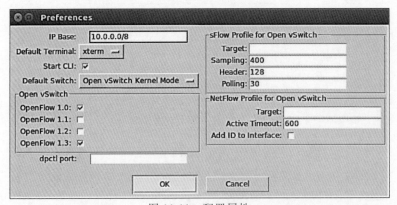

图 11.11　配置属性

步骤 4：配置控制器。

鼠标右击控制器 Properties 进入控制器配置界面，将 Controller Type 选项更改为 Remote Controller，IP 地址修改为安装有 OpenDayLight 的虚拟机的 IP 地址 192.168.100.134，单击 OK 按钮，如图 11.12 所示。注意，虚拟机的 IP 地址，可以在虚拟机中打开终端，用命令 ifconfig 查询。

第11章 Mininet创建SDN实战

步骤5：配置交换机。

鼠标右击 S1 交换机 Properties 进入交换机配置界面，配置 DPID 为 0000000000000001，更改 Switch Type 为 Open vSwitch Kernel Mode，单击 OK 按钮，如图 11.13 所示。

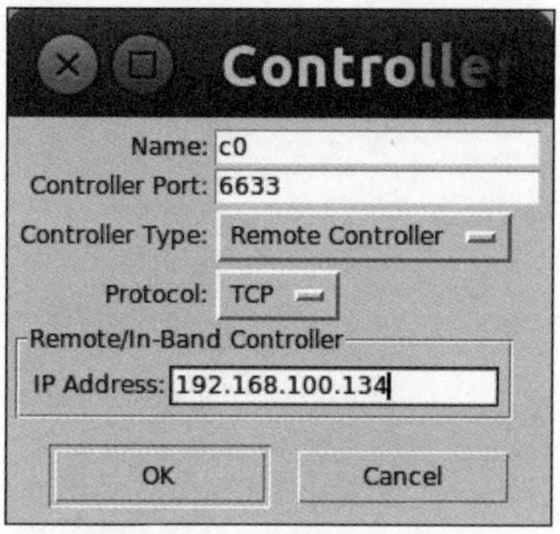

图 11.12　配置控制器

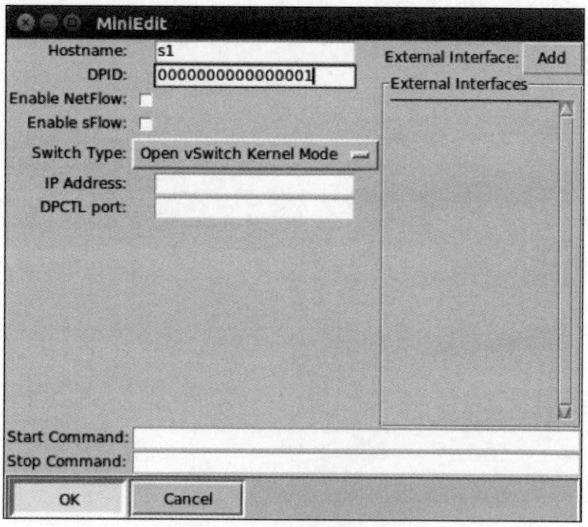

图 11.13　配置交换机

同理，配置 S2 的 DPID 为 0000000000000002，更改 Switch Type 为 Open vSwitch Kernel Mode，单击 OK 按钮。

步骤6：配置主机。

鼠标右击 h1 主机 Properties 进入主机配置界面，配置 IP Address 为 10.0.0.1，如图 11.14 所示。

同理，配置 h2 为 10.0.0.2，h3 为 10.0.0.3。

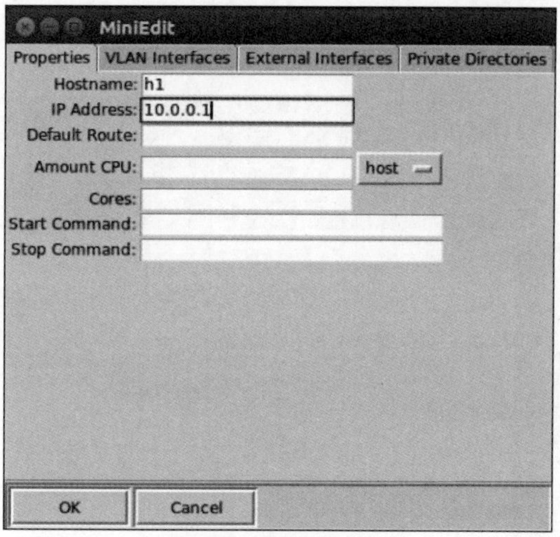

图 11.14　配置主机

步骤7：在虚拟机 2 中打开一个终端，参考 10.3.4 节，运行 OpenDayLight。

```
./karaf
```

步骤8:打开 Web 浏览器,输入网址"http://192.168.100.134:8181/index.html",进入 OpenDayLight 的 Web UI,选择 Topology,此时可观察到并没有结点存在。

步骤9:在虚拟机1的 Mininet 图形化界面单击 run,在 OpenDayLight 的 Web UI 界面,可以看到 Topology 中出现了两台 OpenFlow 交换机,如图 11.15 所示。

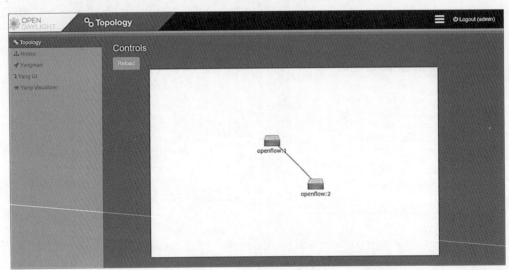

图 11.15　Topology 中出现两台 OpenFlow 交换机

步骤10:在虚拟机1的 Mininet 命令行输入"pingall",在 OpenDayLight 的 Web UI 界面,可观察到出现包含主机的完整拓扑,如图 11.16 所示,对比项目任务拓扑图 11.9、MiniEdit 拓扑,以及 Web UI 界面拓扑,可以发现它们是一致的。

```
pingall
```

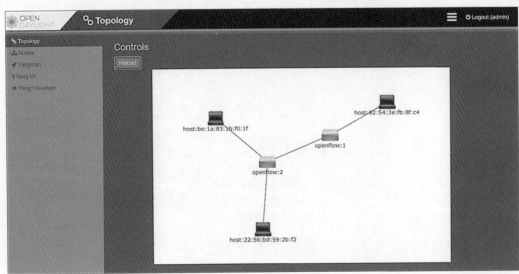

图 11.16　完整拓扑

步骤 11：将 MiniEdit 拓扑保存为 Python 文件。

在虚拟机 1 的 MiniEdit 中，选择 File 菜单，选择 Export level 2 Script，即可将该拓扑保存为拓扑脚本.py 文件，以方便将来使用，如图 11.17 所示。例如，保存为 2s3h.py，默认保存目录为./mininet/examples/。关闭 MiniEdit。

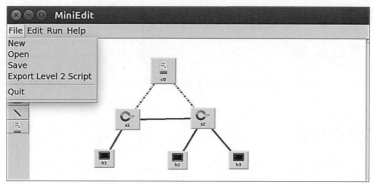

图 11.17　保存拓扑

步骤 12：现在，可以直接通过命令行运行./2s3h.py 来创建网络了，如图 11.18 所示。注意，需先用 chmod 命令修改 2s3h.py 的权限。

```
chmod 777 2s3h.py
./2s3h.py
```

```
root@ubuntu:/home/jr/mininet/examples# chmod 777 2s3h.py
root@ubuntu:/home/jr/mininet/examples# ./2s3h.py
*** Adding controller
*** Add switches
*** Add hosts
*** Add links
*** Starting network
*** Configuring hosts
h1 h3 h2
*** Starting controllers
*** Starting switches
*** Post configure switches and hosts
*** Starting CLI:
mininet>
```

图 11.18　创建网络

可以用 nodes、links 和 pingall 命令查看拓扑，如图 11.19 所示。可以看到两台交换机、三台主机、一台控制器。正是通过 MiniEdit 可视化设计的 SDN 拓扑。

```
mininet> pingall
*** Ping: testing ping reachability
h1 -> h3 h2
h3 -> h1 h2
h2 -> h1 h3
*** Results: 0% dropped (6/6 received)
mininet> nodes
available nodes are:
c0 h1 h2 h3 s1 s2
mininet> links
h1-eth0<->s1-eth1 (OK OK)
h2-eth0<->s2-eth1 (OK OK)
h3-eth0<->s2-eth2 (OK OK)
s1-eth2<->s2-eth3 (OK OK)
mininet>
```

图 11.19　查看拓扑

11.4 子项目3：用Mininet脚本创建网络拓扑

11.4.1 项目目的

通过编写Python脚本实现对网络拓扑的构建。

11.4.2 项目原理

在Mininet中，可以使用Python脚本以编程方式创建拓扑，以实现更复杂的拓扑结构和测试场景。

11.4.3 项目任务

直接修改子项目2保存的文件2s3h.py，自定义创建新的网络拓扑。要求改变h2的连接，10.3子项目中h2连向s2，现要求改为h2连向s1。要求新增主机h4，连向h4，如图11.20所示。

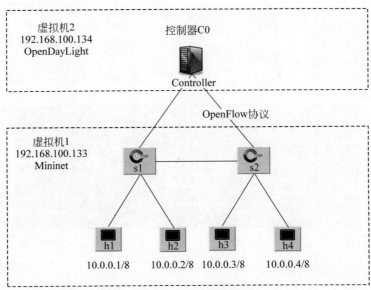

图11.20 创建新的网络拓扑

软件环境：VMware 17.0.0＋Ubuntu 16.04.7＋Mininet 2.3.1＋karaf 0.7.3。

11.4.4 项目步骤

将11.3节中可视化创建的网络拓扑导出为2s3h.py，默认保存目录为./mininet/examples/。通过直接修改文件2s3h.py，自定义创建新的网络拓扑。

步骤1：安装工具vim。

```
apt-get install vim
```

步骤2：查看2s3h.py，代码细节见注释。

```
vim 2s3h.py

#!/usr/bin/env python

#导入模块
from mininet.net import mininet
from mininet.node import Controller, RemoteController, OVSController
from mininet.node import CPULimitedHost, Host, Node
from mininet.node import OVSKernelSwitch, UserSwitch
from mininet.node import IVSSwitch
from mininet.cli import CLI
from mininet.log import setLogLevel, info
from mininet.link import TCLink, Intf
from subprocess import call

#创建自定义网络拓扑
def myNetwork():

    #ipBase 设为 10.0.0.0/8
    net = Mininet( topo=None,
        build=False,
        ipBase='10.0.0.0/8')

    #添加控制器 c0,用远程控制器,远程控制器的 IP 地址为 192.168.100.134
    info( '*** Adding controller\n' )
    c0=net.addController(name='c0',
            controller=RemoteController,
            ip='192.168.100.134',
            protocol='tcp',
            port=6633)

    #添加两台交换机,均为 OvS 交换机,支持 OpenFlow,id 分别为 1 和 2
    info( '*** Add switches\n')
    s1 = net.addSwitch('s1', cls=OVSKernelSwitch, dpid='0000000000000001')
    s2 = net.addSwitch('s2', cls=OVSKernelSwitch, dpid='0000000000000002')

    #添加三台主机,分别分配 IP 地址
    info( '*** Add hosts\n')
    h1 = net.addHost('h1', cls=Host, ip='10.0.0.1', defaultRoute=None)
    h3 = net.addHost('h3', cls=Host, ip='10.0.0.3', defaultRoute=None)
    h2 = net.addHost('h2', cls=Host, ip='10.0.0.2', defaultRoute=None)

    #添加连接,s1 与 h1 相连,s2 与 h2 和 h3 相连,s2 和 s3 相连
    info( '*** Add links\n')
    net.addLink(h1, s1)
    net.addLink(h2, s2)
    net.addLink(h3, s2)
    net.addLink(s1, s2)

    #开启网络,开启控制器
```

```
        info( '*** Starting network\n')
        net.build()
        info( '*** Starting controllers\n')
        for controller in net.controllers:
            controller.start()

        #开启交换机
        info( '*** Starting switches\n')
        net.get('s1').start([c0])
        net.get('s2').start([c0])

        info( '*** Post configure switches and hosts\n')

        CLI(net)
        net.stop()
if __name__ == '__main__':
    setLogLevel( 'info')
myNetwork()
```

步骤 3：通过 vim 修改 2s3h.py。

按 I 键进入编辑模式。

添加第 4 台主机 h4，输入 h4 = net.addHost('h4', cls = Host, ip = '10.0.0.4', defaultRoute=None)，将 h4 的 IP 地址设为 10.0.0.4，如图 11.21 所示。

```
info( '*** Add hosts\n')
h1 = net.addHost('h1', cls=Host, ip='10.0.0.1', defaultRoute=None)
h3 = net.addHost('h3', cls=Host, ip='10.0.0.3', defaultRoute=None)
h2 = net.addHost('h2', cls=Host, ip='10.0.0.2', defaultRoute=None)
#add h4
h4 = net.addHost('h4', cls=Host, ip='10.0.0.4', defaultRoute=None)
```

图 11.21　添加第 4 台主机 h4

改变 h2 与 s2 的连接为 h2 与 s1 的连接。修改 net.addLink(h2,s2)为 net.addLink(h2, s1)。
添加 h4 与 s2 的连接。输入 net.addLink(h4,s2)，如图 11.22 所示。

```
info( '*** Add links\n')
net.addLink(h1, s1)
#link h2 to s1
net.addLink(h2, s1)
net.addLink(h3, s2)
#link h4 to s2
net.addLink(h4, s2)
net.addLink(s1, s2)
```

图 11.22　修改和添加连接

按 Esc 键退出编辑模式，输入 wq 保存退出 vim。
将 2s3h.py 重命名为 2s4h.py。

```
mv 2s3h.py 2s4h.py
```

步骤 4：运行新的网络 2s4h.py。

注意，若 Mininet 自定义 topo 时出现报错 Exception：Error creating interface pair (h2-eth1,s1-eth2)：RTNETLINK answers：File exists，原因在于之前的配置没有删除。

用命令 mn -c 删除 Mininet 之前的配置。

```
mn -c
```

运行新的网络 2s4h.py。

```
./2s4h.py
```

使用 pingall 测试，如图 11.23 所示。

```
pingall
```

```
mininet> pingall
*** Ping: testing ping reachability
h1 -> h3 h2 h4
h3 -> h1 h2 h4
h2 -> h1 h3 h4
h4 -> h1 h3 h2
*** Results: 0% dropped (12/12 received)
mininet>
```

图 11.23　测试连通性

通过 OpenDayLight 的 Web UI 查看拓扑。鼠标停留在某主机上，会自动显示主机的 IP 地址。可以看到，现在 h2 连向了 s1，新添加的 h4 连向了 s2，如图 11.24 所示。说明直接通过 Python 脚本自定义 Mininet 网络成功。

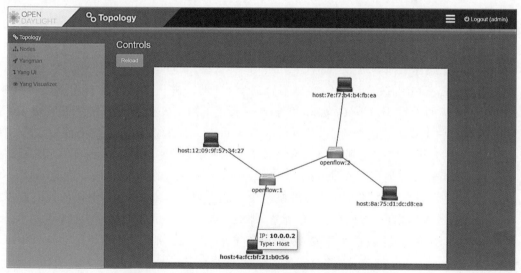

图 11.24　通过 OpenDayLight 的 Web UI 查看拓扑

习题

1. 如果想要创建一个树状拓扑，深度为 3，扇出为 2，应该如何操作？
2. 在 Mininet 的命令行中，如何添加主机（Host）和交换机（Switch）到网络拓扑中？
3. 如何进入 Mininet 图形化工具的界面？
4. 使用 Mininet 脚本创建网络拓扑的步骤是什么？请简要描述。

第12章 Open vSwitch交换机实战

本章首先概述 OpenFlow 技术,从 OpenFlow 的起源说起,介绍 OpenFlow 交换机的组成、OpenFlow 流表,以及 OpenFlow 流表的处理。OpenFlow 协议的细节将在第 13 章中介绍,OpenFlow 计量表(Meter Table)和组表将在第 15 章中介绍。

Open vSwitch 是一款开源的软件,可以创建虚拟的交换机,详细内容请参考 10.3.4 节。本章实战两个 Open vSwitch 项目,子项目 1 是 ovs-vsctl 实战,掌握 OvS 交换机的增删配置方法。子项目 2 是 ovs-ofctl 实战,掌握 OvS 交换机流表的增删方法。

通过本章的学习,读者能掌握 Open vSwitch 基本原理和基本操作,为后续章节打下基础。

12.1 OpenFlow 概述

OpenFlow 起源于斯坦福大学的 CleanSlate 项目组。CleanSlate 项目的最终目的是要重新发明 Internet,旨在改变设计已略显不合时宜,且难以进化发展的现有网络基础架构。2006 年,斯坦福的学生 Martin Casado 领导了一个关于网络安全与管理的项目 Ethane,该项目试图通过一个集中式的控制器,让网络管理员可以方便地定义基于网络流的安全控制策略,并将这些安全策略应用到各种网络设备中,从而实现对整个网络通信的安全控制。受此项目启发,Martin 和他的导师 Nick McKeown 教授发现,如果将 Ethane 的设计更一般化,将传统网络设备的数据转发和路由控制两个功能模块相分离,通过集中式的控制器以标准化的接口对各种网络设备进行管理和配置,那么这将为网络资源的设计、管理和使用提供更多的可能性,从而更容易推动网络的革新与发展。于是,他们便提出了 OpenFlow 的概念。

OpenFlow 是一种应用于 SDN 架构的关键协议。核心理论就是将之前完全由交换机/路由器控制的数据包的转发过程,转变为由 OpenFlow 交换机(OpenFlow Switch)和控制服务器分别完成的独立过程。

自 2010 年年初发布第一个版本(v1.0)以来,OpenFlow 规范已经经历了 1.1、1.2 以及 1.3 版本。

12.1.1 OpenFlow 交换机的组成

OpenFlow 交换机由流表、安全通道和 OpenFlow 协议三部分组成,如图 12.1 所示。

12.1.2 OpenFlow 流表

OpenFlow 1.3 交换机的主要组件主要由一到多个流表、一个组表、一个连接到外部控制器的 OpenFlow 通道组成。流表和组表执行数据包查找和转发功能，如图 12.2 所示。

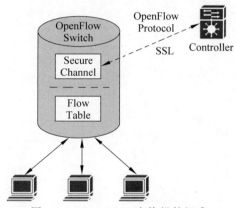

图 12.1 OpenFlow 交换机的组成

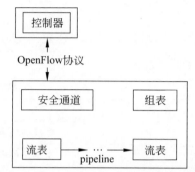

图 12.2 OpenFlow 1.3 交换机的主要组件

每个流表包含一个流表项的集合。每个流表项由一个匹配域、一个计数器、一个待作用到匹配的数据包的指令（Instructions）集、一个超时时间、一个 Cookie 组成。一个流表项的结构如图 12.3 所示。

| 匹配域 | 优先级 | 计数器 | 指令 | 超时时间 | Cookie |

图 12.3 流表项的结构

1. 匹配

OpenFlow 1.3 定义了 40 个匹配的元组。但并非 OpenFlow 1.3 的匹配全部需要包含这 40 个元组，只需要包含必备的 13 个元组（进入端口、以太网源地址、以太网目标地址、以太网类型、IP 协议＜IPv6 或 IPv4＞、IPv4 源地址、IPv4 目标地址、IPv6 源地址、IPv6 目标地址、TCP 源端口地址、TCP 目标端口地址、UDP 源端口地址、UDP 目标端口地址），再加入其他所需的可选匹配元组即可。OpenFlow 1.3 的匹配域是变长的。

2. 指令

一个指令要么修改流水处理（如将数据包指向另一个流表），要么包含一个待加入操作集（Action Set）的操作集合，要么包含一个立即在数据包上生效的操作列表。其中，操作集与数据包相关的操作集合在报文被每个表处理的时候可以累加，在指令集指导报文退出处理流水线的时候这些行动会被执行。

当报文匹配上流表项时，执行表项包含的指令集。指令集类型如表 12.1 所示。

表 12.1 指令集类型

指 令	说 明	可选/必选
Write-Action	添加指定动作到动作集	必选
GoTo-Table	转到另一个流表处理	必选

续表

指　　令	说　　明	可选/必选
Meter	指示报文关联指定的 Meter 流表项	可选
Apply-Actions	应用动作列表中的动作	可选
Clear-Actions	清空动作集	可选
Write-Metadata	写入元数据	可选

当流表项的指令集中不包含 GoTo-Table 时,立即执行相关联的动作集。动作集类型如表 12.2 所示。

表 12.2　动作集类型

动　作　类　型	说　　明	可选/必选
Output	将报文转发到特定的 OpenFlow 端口	必选
Drop	满足条件时丢弃	必选
Group	将报文转交组表处理,动作由组表类型定义	必选
Set-Queue	将报文指定队列 ID,用于实施 QoS	可选
Push-Tag/Pop-Tag	适用于对 VLAN 头、MPLS 头、PBB 头进行操作	可选
Set-Field	识别匹配字段类型并修改字段的值	可选
Change-TTL	修改 IPv4、IPv6、MPLS 中的 TTL	可选

12.1.3　OpenFlow 1.3 流表的流水线处理

OpenFlow 1.3 交换机接收到一个数据包后,以流水线的方式匹配多个流表。交换机将匹配域从数据包中提取出来,之后交换机从第一个流表开始查询可匹配的流表项,依次处理至最后一个流表。流表之间是可以跳转的(根据流表项的指定跳转),每一个流表必须支持能处理 table-miss 的流表项。table-miss 表项指定在流表中如何处理与其他流表项未匹配的数据包,如数据包发送到控制器、丢弃数据包或直接将包扔到后续的表。

流表中的处理可以分成以下三步。

(1) 找到最高优先级匹配的流表项。

(2) 应用指令。

① 修改数据包并更新匹配域(应用操作指令)。

② 更新操作集(清除操作或写入操作指令)。

③ 更新元数据。

(3) 将匹配数据和操作集发送到下一个流表。

实验演示

12.2　子项目 1: Open vSwitch 的 ovs-vsctl 命令实战

Open vSwitch,顾名思义,Open 即开源的;v 表示 virtual,即虚拟的;Switch 即交换机。通俗地讲,就是一款开源的软件,可以创建虚拟的交换机。

如图 12.4 所示，OvS 由 ovs-vswitchd、ovsdb-server、ovs-vsctl、ovs-ofctl 等模块组成。

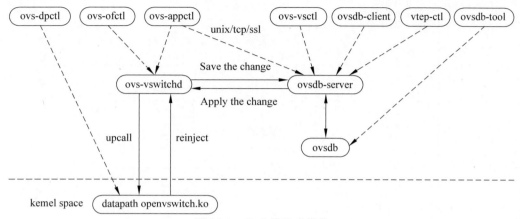

图 12.4　OvS 的组成模块

（1）ovs-vswitchd：OvS 守护进程，实现基于流的交换，实现内核 datapath upcall 处理以及 ofproto 查表，同时是 dpdk datapath 处理程序。与 ovsdb-server 通信使用 OVSDB 协议，与内核模块使用 netlink 机制通信，与 controller 通信使用 OpenFlow 协议。

（2）ovs db-server：OvS 轻量级的数据库服务器的服务程序，用于保存整个 OvS 的配置信息。数据库服务程序，使用目前普遍认可的 OVSDB 协议。

（3）ovs-vsctl：网桥、接口等的创建、删除、设置、查询等。

（4）ovs -dpctl：配置 vSwitch 内核模块。

（5）ovs -appctl：发送命令消息到 ovs-vswitchd，查看不同模块状态。

（6）ovs-ofctl：下发流表信息。

（7）datapath：datapath 把流的 match 和 action 结果缓存，避免后续同样的流继续 upcall 到用户空间进行流表匹配。

（8）ovs -db：OvS 交换机数据库是一种轻量级的数据库。

12.2.1　项目目的

了解 Open vSwitch 的体系结构，了解 OvS 交换机，掌握 OvS 交换机的增删操作，掌握 OvS 交换机端口的增删操作。

12.2.2　项目原理

Open vSwitch 中的 ovs-vsctl 模块，提供了对网桥、接口等的创建、删除、设置、查询等功能，可以用 ovs-vsctl 命令实现这些操作。

12.2.3　项目任务

项目拓扑如图 12.5 所示，搭建一个 SDN，由一个控制器和一个交换机组成，控制器和交换机之间通过 OpenFlow 交互。虚拟机 1 运行 Open vSwitch，创建一个名为 br-test 的 OvS 交换机；虚拟机 2 运行 OpenDayLight，扮演 SDN 控制器的角色。通过 OvS 本地配置连接远程的 ODL 控制器。通过 OvS 本地配置，为交换机进行端口的增删改查操作。

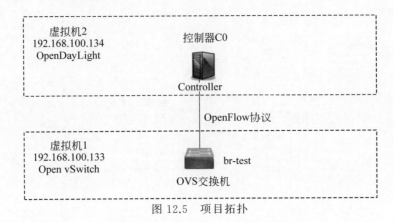

图 12.5　项目拓扑

软件环境：VMware 17.0.0＋Ubuntu 16.04.7＋Mininet 2.3.1＋Karaf 0.7.3。

12.2.4　项目步骤

ovs-ovsctl 命令是对交换机上网桥和端口等信息进行配置的命令。OvS 的概念中，"桥"这个词的意思就是指交换机，创建一个网桥，就是创建一个交换机。而端口则是指交换机的网口。

步骤1：查看网桥，如图 12.6 所示。

```
ovs-vsctl show
```

```
root@ubuntu:/home/jr# ovs-vsctl show
69f65add-5404-4d20-a599-98ab7be171a5
    ovs_version: "2.5.9"
```

图 12.6　查看网桥

目前还没有任何网桥信息。目前显示的第一行的一串数字指的是该主机的 id，只在连接了 SDN 控制器之后才有作用；第二行是 OvS 的版本信息，这里的版本是 2.5.9。

步骤2：添加网桥。

可以很方便地创建网桥，也就是交换机。使用如下命令创建一个名字叫作 br-test 的网桥，如图 12.7 所示。

```
ovs-vsctl add-br br-test
```

```
root@ubuntu:/home/jr# ovs-vsctl add-br br-test
```

图 12.7　创建网桥

当创建好网桥之后，用 show 命令来查看创建好的网桥，如图 12.8 所示。

```
ovs-vsctl show
```

```
root@ubuntu:/home/jr# ovs-vsctl show
69f65add-5404-4d20-a599-98ab7be171a5
    Bridge br-test
        Port br-test
            Interface br-test
                type: internal
    ovs_version: "2.5.9"
```

图 12.8　查看创建好的网桥

可以看到已经有创建好的网桥 br-test 了。Bridge br-test 指的是网桥 br-test，在这个交换机中只有一个端口 Port br-test。为什么只创建了网桥并没有创建端口，而显示却有一个跟网桥同名的端口呢？其实这个端口就是常见的环回口。

步骤 3：创建端口。

创建好一个网桥之后默认有一个同名的 port，使用下面的命令可以继续添加 port。格式是：ovs-vsctl add-port 网桥名 端口名。这里端口需要是存在的机器上的网卡名。

可以用命令 ifconfig 查看本机网卡信息，如图 12.9 所示。

```
ifconfig
```

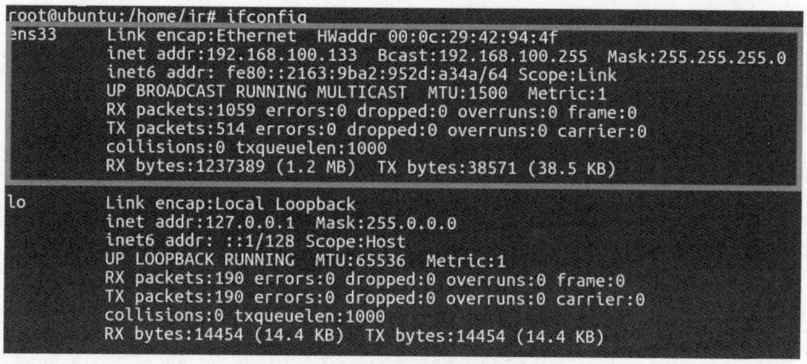

图 12.9　查看本机网卡信息

查看到本机有一个网卡 ens33，所以可以使用下面的命令向网桥 br-test 上添加 port ens33。注意，读者在自己的机器上做这个项目要把网卡替换成自己机器的真实网卡。

```
ovs-vsctl add-port br-test ens33
```

再次查看，可以看到 port 由一个变成两个，多了一个叫 ens33 的端口，如图 12.10 所示。

```
ovs-vsctl show
```

图 12.10　添加端口 ens33

步骤 4：删除端口。

能添加一个端口，就能删除这个端口。使用如下命令删除端口 ens33。

```
ovs-vsctl del-port br-test ens33
```

再次查看，确认 ens33 端口已被删除。注意：如果删除端口时不指明名字，那么将会删除全部的端口，如图 12.11 所示。

步骤 5：删除网桥。

```
root@ubuntu:/home/jr# ovs-vsctl del-port br-test ens33
root@ubuntu:/home/jr# ovs-vsctl show
69f65add-5404-4d20-a599-98ab7be171a5
    Bridge br-test
        Port br-test
            Interface br-test
                type: internal
    ovs_version: "2.5.9"
```

图 12.11　删除端口 ens33

使用如下命令删除一个网桥。

```
ovs-vsctl del-br br-test
```

再次查看,发现网桥 br-test 已被删除,如图 12.12 所示。

```
root@ubuntu:/home/jr# ovs-vsctl del-br br-test
root@ubuntu:/home/jr# ovs-vsctl show
69f65add-5404-4d20-a599-98ab7be171a5
    ovs_version: "2.5.9"
```

图 12.12　删除网桥

步骤 6:网桥连接控制器。

OvS 交换作为 SDN 交换机连接到 SDN 控制器上才能发挥最大的效能。为此,先在虚拟机 2 上开启 OpenDayLight 控制器(详细命令请查看 11.3.4 节),并用 ifconfig 查阅虚拟机 2 的 IP 地址(本例中为 192.168.100.134,注意读者要确认自己的控制器的 IP 地址信息)。然后在虚拟机 1 上,重新添加一个交换机 br-test(命令略),再使用如下命令连接控制器。

```
ovs-vsctl set-controller br-test tcp:192.168.100.134:6633
```

查看此时网桥的配置信息,在 Bridge 下出现了一个 Controller,控制器的 IP 是 192.168.100.134,端口是 6633,如图 12.13 所示。

```
root@ubuntu:/home/jr# ovs-vsctl set-controller br-test tcp:192.168.100.134:6633
root@ubuntu:/home/jr# ovs-vsctl show
69f65add-5404-4d20-a599-98ab7be171a5
    Bridge br-test
        Controller "tcp:192.168.100.134:6633"
        Port br-test
            Interface br-test
                type: internal
    ovs_version: "2.5.9"
```

图 12.13　查看网桥配置信息

实验演示

12.3　子项目 2:Open vSwitch 的 ovs-ofctl 命令实战

12.3.1　项目目的

掌握 OvS 交换机流表的增删操作。

12.3.2　项目原理

Open vSwitch 中的 ovs-ofctl 模块,提供了对流表的创建、删除等功能,可以用 ovs-ofctl 命令实现这些操作。

简单来说,流表类似于交换机的 MAC 地址表、路由器的路由表,是 OvS 交换机指挥流量转发的表。如图 12.14 所示,上面是思科路由器的路由表示例,中间是思科交换机的

MAC 地址表示例,最下面是 OpenStack 中的 OvS 交换机的流表示例。

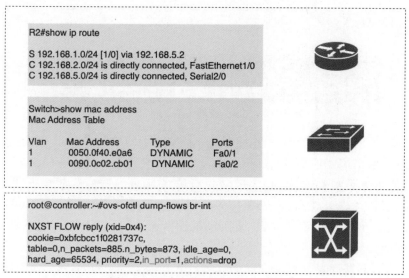

图 12.14　路由表、地址表、流表示例

12.3.3　项目任务

项目拓扑如图 12.15 所示,搭建一个 SDN,由一个控制器和一个交换机组成,控制器和交换机之间通过 OpenFlow 交互。虚拟机 1 运行 Open vSwitch,创建一个名为 br-test 的 OvS 交换机;虚拟机 2 运行 OpenDayLight,扮演 SDN 控制器的角色。通过 OvS 本地配置连接远程的 ODL 控制器。通过 OvS 本地配置,为交换机进行流表的增删改查操作。

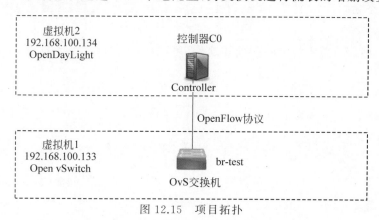

图 12.15　项目拓扑

软件环境:VMware 17.0.0+Ubuntu 16.04.7+Mininet 2.3.1+karaf 0.7.3。

12.3.4　项目步骤

ovs-ofctl 命令是对流表的操作,包括对流表的增、删、改、查等命令。
步骤 1:在虚拟机 2 上开启 ODL 控制器(参考 10.3.4 节)。
步骤 2:在虚拟机 1 上,设置 OvS 交换机 br-test 连接控制器(参考 12.2.4 节步骤 6)。
步骤 3:当 OvS 交换机 br-test 连上控制器 ODL 之后,控制器会给交换机下发流表。

可以在 OVS 交换机端用命令 ovs-ofctl dump-flows 查看下发的流表,如图 12.16 所示。

```
ovs-ofctl dump-flows br-test
```

```
root@ubuntu:/home/jr# ovs-ofctl dump-flows br-test
NXST_FLOW reply (xid=0x4):
 cookie=0x2b00000000000000, duration=2997.829s, table=0, n_packets=0, n_bytes=0,
 idle_age=2997, priority=100,dl_type=0x88cc actions=CONTROLLER:65535
 cookie=0x2b00000000000000, duration=2997.829s, table=0, n_packets=0, n_bytes=0,
 idle_age=2997, priority=0 actions=drop
```

图 12.16　查看下发的流表

分析一下以上两条流表项的动作,分别是 CONTROLLER:65535 转发给控制器,drop 丢弃流表。以上两个流表项都没有匹配项就是说默认匹配进入的所有的流量。那么对于进入的流量,这两条流表项都匹配,到底应该执行哪条流表项呢?这时根据优先级来选择,priority 是优先级,优先级越高,流表项越先执行。所以第一条 actions=CONTROLLER:65535 发挥效果。其实这也符合常识,交换机里没有流表,所以进入的流都要交给控制器,让控制器去完成计算和流表下发。

步骤 4:手动下发流表。

OpenFlow 1.3 定义了 40 个匹配的元组。但并非 OpenFlow 1.3 的匹配全部需要包含这 40 个元组,只需要包含必备的 13 个元组。常见的匹配项如图 12.17 所示,流表可以匹配到 OSI 模型的 1～4 层。

Layer1	Layer2					Layer3				Layer4	
入端口	源MAC地址	目的MAC地址	以太网类型	VLAN ID	VLAN优先级	源IP地址	目的IP地址	IP协议	IP服务类型	TCP/UDP源端口	TCP/UDP目的端口
Ingress Port	Ether Source	Ether Des	Ether Type	VLAN ID	VLAN Priority	IP Src	IP Dst	IP Proto	IP TOS bits	TCP/UDP Src Port	TCP/UDP Dst Port

图 12.17　常见的匹配项

下发流表的命令,需要加上匹配项和动作,可以匹配到上面提到的 1～4 层。下面举几个例子。

步骤 5:第一层——匹配端口。

执行如下命令向 OvS 交换机 br-test 添加一条流表项。注意逗号之后不能有空格。

```
ovs-ofctl add-flow br-test in_port=1,actions=output:2
```

查看流表,如图 12.18 所示。可以看到增加了刚刚手动添加的流表项,匹配项是入端口 in_port=1,动作是 output:2。表示 1 号端口进来的流,由 2 号端口转发出去。

```
root@ubuntu:/home/jr# ovs-ofctl add-flow br-test in_port=1,actions=output:2
root@ubuntu:/home/jr# ovs-ofctl dump-flows br-test
NXST_FLOW reply (xid=0x4):
 cookie=0x0, duration=19.100s, table=0, n_packets=0, n_bytes=0, idle_age=19, in_
port=1 actions=output:2
 cookie=0x2b00000000000000, duration=3189.272s, table=0, n_packets=0, n_bytes=0,
 idle_age=3189, priority=100,dl_type=0x88cc actions=CONTROLLER:65535
 cookie=0x2b00000000000000, duration=3189.272s, table=0, n_packets=0, n_bytes=0,
 idle_age=3189, priority=0 actions=drop
```

图 12.18　查看流表

步骤 6:第二层——匹配 MAC 地址。

匹配 MAC 地址的关键字如下。

dl_src：源 MAC 地址。

dl_dst：目的 MAC 地址。

执行如下命令向 OvS 交换机 br-test 添加一条流表项。注意逗号之后不能有空格。

```
ovs-ofctl add-flow br-test dl_src=11:22:33:44:55:66,actions=output:2
```

查看流表，如图 12.19 所示。可以看到增加了刚刚手动添加的流表项，匹配项是源 MAC 地址 dl_src=11：22：33：44：55：66，动作是 output：2。表示目的 MAC 地址是 11：22：33：44：55：66 的流，由 2 号端口转发出去。

```
root@ubuntu:/home/jr# ovs-ofctl add-flow br-test dl_src=11:22:33:44:55:66,action
s=output:2
root@ubuntu:/home/jr# ovs-ofctl dump-flows br-test
NXST_FLOW reply (xid=0x4):
 cookie=0x0, duration=281.745s, table=0, n_packets=0, n_bytes=0, idle_age=281, i
n_port=1 actions=output:2
 cookie=0x0, duration=11.893s, table=0, n_packets=0, n_bytes=0, idle_age=11, dl_
src=11:22:33:44:55:66 actions=output:2
 cookie=0x2b00000000000000, duration=3451.917s, table=0, n_packets=0, n_bytes=0,
 idle_age=3451, priority=100,dl_type=0x88cc actions=CONTROLLER:65535
 cookie=0x2b00000000000000, duration=3451.917s, table=0, n_packets=0, n_bytes=0,
 idle_age=3451, priority=0 actions=drop
```

图 12.19　查看流表

步骤 7：第三层——匹配 IP 地址。

匹配网络层 IP 地址比匹配入端口和 MAC 地址要复杂一些。因为网络层中除了 IP 协议外还有 ICMP、IGMP 等，所以需要指定匹配的是网络层中的哪一种协议。

匹配方式如下。

dl_type：协议。dl_type=0x0800 或者 IP 表明是匹配 IP 协议。

nw_src：源 IP 地址。

nw_dst：目的 IP 地址。

执行如下命令向 OvS 交换机 br-test 添加一条流表项。注意逗号之后不能有空格。

```
ovs-ofctl add-flow br-test dl_type=0x0800,nw_src=192.168.0.1,actions=output:2
```

查看流表，如图 12.20 所示。可以看到增加了刚刚手动添加的流表项，匹配项是源 IP 地址 nw_src=192.168.0.1，动作是 output：2。表示源 IP 地址是 192.168.0.1 的流，由 2 号端口转发出去。

```
root@ubuntu:/home/jr# ovs-ofctl add-flow br-test dl_type=0x0800,nw_src=192.168.0
.1,actions=output:2
root@ubuntu:/home/jr# ovs-ofctl dump-flows br-test
NXST_FLOW reply (xid=0x4):
 cookie=0x0, duration=365.295s, table=0, n_packets=0, n_bytes=0, idle_age=365, i
n_port=1 actions=output:2
 cookie=0x0, duration=95.443s, table=0, n_packets=0, n_bytes=0, idle_age=95, dl_
src=11:22:33:44:55:66 actions=output:2
 cookie=0x0, duration=3.971s, table=0, n_packets=0, n_bytes=0, idle_age=3, ip,nw
_src=192.168.0.1 actions=output:2
 cookie=0x2b00000000000000, duration=3535.467s, table=0, n_packets=0, n_bytes=0,
 idle_age=3535, priority=100,dl_type=0x88cc actions=CONTROLLER:65535
 cookie=0x2b00000000000000, duration=3535.467s, table=0, n_packets=0, n_bytes=0,
 idle_age=3535, priority=0 actions=drop
```

图 12.20　查看流表

执行如下命令再向 OvS 交换机 br-test 添加一条流表项。这一次不用 dl_type=0x0800 来指明 IP 协议，而是用参数 ip 指明 IP 协议。这一次匹配的不是源 IP 地址，而是目的 IP 地址，/24 表示只匹配该目的 IP 地址的前 24 位。

```
ovs-ofctl add-flow br-test ip,nw_dst=192.168.0.100/24,actions=output:2
```

查看流表,如图 12.21 所示。可以看到增加了刚刚手动添加的流表项,匹配项是目的 IP 地址 nw_dst=192.168.0.100/24,所以是 nw_dst=192.168.0.0,动作是 output: 2。表示目的网络是 192.168.0.0 的流,由 2 号端口转发出去。

```
root@ubuntu:/home/jr# ovs-ofctl add-flow br-test ip,nw_dst=192.168.0.100/24,acti
ons=output:2
root@ubuntu:/home/jr# ovs-ofctl dump-flows br-test
NXST_FLOW reply (xid=0x4):
 cookie=0x0, duration=431.025s, table=0, n_packets=0, n_bytes=0, idle_age=431, i
n_port=1 actions=output:2
 cookie=0x0, duration=161.173s, table=0, n_packets=0, n_bytes=0, idle_age=161, d
l_src=11:22:33:44:55:66 actions=output:2
 cookie=0x0, duration=69.701s, table=0, n_packets=0, n_bytes=0, idle_age=69, ip,
nw_src=192.168.0.1 actions=output:2
 cookie=0x0, duration=26.460s, table=0, n_packets=0, n_bytes=0, idle_age=26, ip,
nw_dst=192.168.0.0/24 actions=output:2
 cookie=0x2b0000000000000, duration=3601.197s, table=0, n_packets=0, n_bytes=0,
 idle_age=3601, priority=100,dl_type=0x88cc actions=CONTROLLER:65535
 cookie=0x2b0000000000000, duration=3601.197s, table=0, n_packets=0, n_bytes=0,
 idle_age=3601, priority=0 actions=drop
```

图 12.21 查看流表

步骤 8:删除流表。

流表不仅要会添加,同时也要会删除。删除流表的命令是:ovs-ofctl del-flows+网桥+匹配条件。

以下命令删除入端口是 1 的流表项。

```
ovs-ofctl del-flows br-test in_port=1
```

以下命令删除源 IP 地址是 192.168.0.1 的流表项,如图 12.22 所示。

```
ovs-ofctl del-flows br-test ip,nw_src=192.168.0.1
```

```
root@ubuntu:/home/jr# ovs-ofctl del-flows br-test in_port=1
root@ubuntu:/home/jr# ovs-ofctl del-flows br-test ip,nw_src=192.168.0.1
```

图 12.22 删除流表

查看流表,验证匹配的流表项已被删除,如图 12.23 所示。

```
ovs-ofctl dump-flows br-test
```

```
root@ubuntu:/home/jr# ovs-ofctl dump-flows br-test
NXST_FLOW reply (xid=0x4):
 cookie=0x0, duration=5378.211s, table=0, n_packets=0, n_bytes=0, idle_age=5378,
 dl_src=11:22:33:44:55:66 actions=output:2
 cookie=0x0, duration=5243.498s, table=0, n_packets=0, n_bytes=0, idle_age=5243,
 ip,nw_dst=192.168.0.0/24 actions=output:2
 cookie=0x2b0000000000000, duration=8818.235s, table=0, n_packets=0, n_bytes=0,
 idle_age=8818, priority=100,dl_type=0x88cc actions=CONTROLLER:65535
 cookie=0x2b0000000000000, duration=8818.235s, table=0, n_packets=0, n_bytes=0,
 idle_age=8818, priority=0 actions=drop
```

图 12.23 验证匹配的流表项已被删除

习题

1. 根据流表中的处理过程,请问以下哪个选项描述了正确的流表处理顺序?( )

A. 应用操作指令→修改数据包并更新匹配域→更新操作集→找到最高优先级匹配

的流表项→更新元数据→发送到下一个流表

B. 找到最高优先级匹配的流表项→修改数据包并更新匹配域→更新操作集→更新元数据→应用操作指令→发送到下一个流表

C. 找到最高优先级匹配的流表项→应用操作指令→修改数据包并更新匹配域→更新操作集→更新元数据→发送到下一个流表

D. 修改数据包并更新匹配域→应用操作指令→更新操作集→找到最高优先级匹配的流表项→更新元数据→发送到下一个流表

2. 请问以下哪个选项最准确地描述了流表在 Open vSwitch 中的作用和功能？（　　）

A. 流表类似于思科路由器的路由表，用于指导 OvS 交换机进行流量转发

B. 流表类似于思科交换机的 MAC 地址表，用于存储和匹配数据包的源和目的 MAC 地址

C. 流表类似于 OpenStack 中的 OvS 交换机的流表，用于控制和管理数据包的转发行为

D. 流表是 Open vSwitch 中的一种数据结构，用于存储交换机的配置信息和状态

3. 手动下发流表时，需要提供哪些信息？

4. 在流表项中，可以匹配到哪些 OSI 模型的层次？

5. 如图 12.24 所示，假设已向 OvS 交换机添加了以下流表项，匹配项为 in_port=1，动作为 output：2。这条流表项的作用是什么？

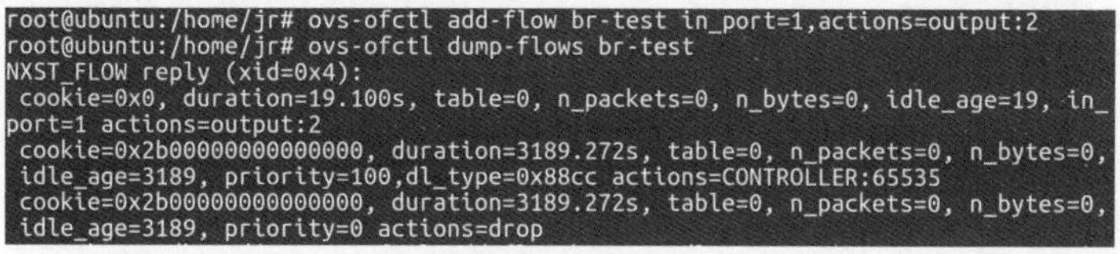

```
root@ubuntu:/home/jr# ovs-ofctl add-flow br-test in_port=1,actions=output:2
root@ubuntu:/home/jr# ovs-ofctl dump-flows br-test
NXST_FLOW reply (xid=0x4):
 cookie=0x0, duration=19.100s, table=0, n_packets=0, n_bytes=0, idle_age=19, in_
port=1 actions=output:2
 cookie=0x2b00000000000000, duration=3189.272s, table=0, n_packets=0, n_bytes=0,
 idle_age=3189, priority=100,dl_type=0x88cc actions=CONTROLLER:65535
 cookie=0x2b00000000000000, duration=3189.272s, table=0, n_packets=0, n_bytes=0,
 idle_age=3189, priority=0 actions=drop
```

图 12.24　流表项

6. ovs-ofctl del-flows ＜bridge_name＞ ＜flow_rule＞这条命令是什么意思？两个参数分别是指什么？

在线习题

第13章 OpenFlow流表实战

基于第10~12章的储备，本章实战OpenFlow流表。本章包含4个子项目。子项目1搭建一个包含控制器和交换机的完整的SDN。子项目2通过Wireshark分析OpenFlow协议。子项目3以交换机本地配置的方式，对交换机的流表实施增删操作。子项目4真正体现软件定义的思想，以远程的方式，通过控制器，对交换机的流表实施增删操作。

通过本章的学习，读者能实战一个完整的SDN，并掌握SDN中关键的流表的操作方法。更进一步的计量表和组表的实战将在第15章中介绍。

实验演示

13.1 子项目1：搭建SDN

13.1.1 项目目的

搭建一个完整的SDN，包含一个OpenDayLight控制器、两台Open vSwitch交换机、4台主机。通过OpenDayLight查看网络。

13.1.2 项目原理

用Mininet脚本创建网络拓扑，生成自定义SDN。控制器设为远程OpenDayLight控制器。通过OpenDayLight的北向Web UI查看SDN拓扑。

13.1.3 项目任务

图13.1为本项目拓扑图。

本子项目使用两台虚拟机，虚拟机2安装OpenDayLight，作为SDN控制器，虚拟机2的IP地址是192.168.100.134。虚拟机1安装Mininet，建立两台交换机和两台主机组成的一个网络，指定控制器为远程控制器，远程控制器的IP地址指定为192.168.100.134。虚拟机1的IP地址是192.168.100.133。Web浏览器通过HTTP登录OpenDayLight的Web UI查看SDN。

软件环境：VMware 17.0.0+Ubuntu 16.04.7+Mininet 2.3.1+Karaf 0.7.3。

13.1.4 项目步骤

步骤1：启动OpenDayLight控制器。

在虚拟机2打开一个终端，输入命令./karaf启动OpenDayLight控制器，如图13.2所示。

第13章 OpenFlow流表实战

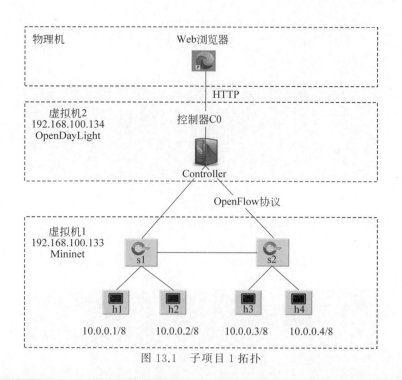

图 13.1 子项目 1 拓扑

```
cd karaf-0.7.3
cd bin
./karaf
```

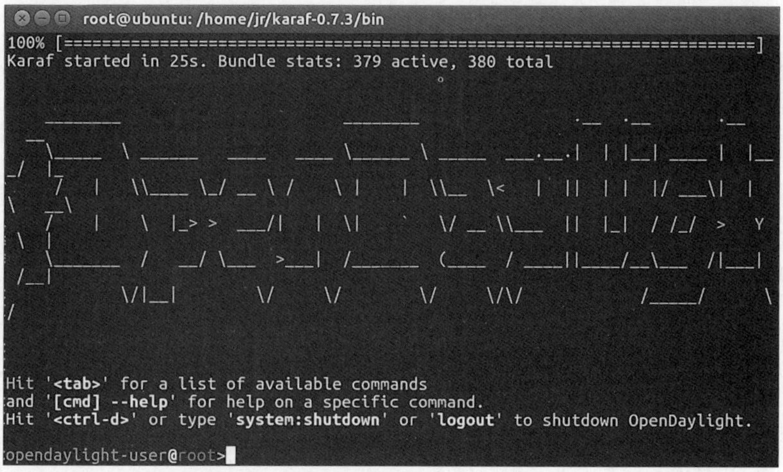

图 13.2 启动 OpenDayLight 控制器

步骤 2：启动自定义 Mininet 网络。

在虚拟机 1 打开一个终端，参考 11.4 节，启动自定义拓扑 2s4h.py，包含两台交换机、4 台主机，如图 13.3 所示。

```
cd mininet
```

```
cd examples
./2s4h.py
```

```
root@ubuntu:/home/jr/mininet/examples# ./2s4h.py
*** Adding controller
*** Add switches
*** Add hosts
*** Add links
*** Starting network
*** Configuring hosts
h1 h3 h2 h4
*** Starting controllers
*** Starting switches
*** Post configure switches and hosts
*** Starting CLI:
```

图 13.3　启动自定义 Mininet 网络

测试网络连通性。0% dropped 表示网络连通,如图 13.4 所示。

```
pingall
```

```
mininet> pingall
*** Ping: testing ping reachability
h1 -> h3 h2 h4
h3 -> h1 h2 h4
h2 -> h1 h3 h4
h4 -> h1 h3 h2
*** Results: 0% dropped (12/12 received)
```

图 13.4　测试网络连通性

步骤 3:通过 ODL 的 Web UI 查看网络拓扑。

打开浏览器,输入“http://192.168.100.134:8181/index.html”,单击 Topology,查看 Mininet 创建的 SDN 拓扑,如图 13.5 所示。

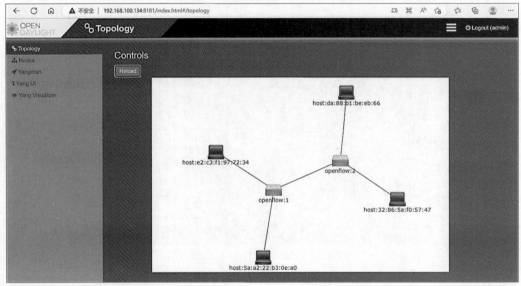

图 13.5　通过 ODL 的 Web UI 查看网络拓扑

步骤 4:退出 Mininet。

```
exit
```

清除 Mininet 配置。

```
mn -c
```

13.2 子项目 2：OpenFlow 协议分析

13.2.1 项目目的

掌握 Wireshark 抓包，分析 SDN 控制器和交换机之间交互的 OpenFlow 消息。

实验演示

13.2.2 项目原理

OpenFlow 支持三种类型的消息，分别为 controller-to-switch、asychronous（异步）和 symmetric（对称）。

（1）controller-to-switch（控制器发往 switch）：由控制器发起，用于控制器直接管理或配置交换机。

（2）asychronous（异步）：由交换机发起，向控制器上报事件或者交换机的变化。

（3）symmetric（同步）：控制器、交换机双方均可发起。

每种消息类型又包含一些子类型消息。下面介绍常见的几种消息。

（1）hello——控制器与交换机互相发送 hello 消息，告诉对方自己能够支持的 OpenFlow 版本，向下兼容双方都能够兼容的版本，建立后续的通信。

（2）features_request——控制器向交换机要求特征信息。

（3）features _reply——交换机回送特征信息。

（4）set config——控制器向交换机下发两个配置，一个是 flags，指示如何处理 IP 分片；另一个是 miss send length，指示交换机遇到无法处理的数据包时，向控制器发送消息的最大字节数。

（5）packet in——交换机查找流表，发现没有匹配条目时，或有匹配条目但是对应的 action 是 OUTPUT=CONTROLLER 时，向控制器发送 packet in 消息，前者数据包会被放到交换机缓存中等待处理，后者不会。

（6）packet out 和 flow mod——控制器接收到交换机 packet in 消息后的响应方式有两种：flow mod 下发流表，告知交换机匹配项（MATCH）和对应的动作（ACTION），去处理这一类数据包；packet out 不下发流表，直接告知交换机如何处理这一个数据包。

13.2.3 项目任务

图 13.6 为本项目拓扑图。

在虚拟机 2 中运行 Wireshark，抓包分析控制器与交换机之间的 OpenFlow 消息。

软件环境：VMware 17.0.0＋Ubuntu 16.04.7＋Karaf 0.7.3＋Mininet 2.3.1＋Wireshark 2.6.10。

13.2.4 项目步骤

步骤 1：在虚拟机 2 中开启 Wireshark，选择 any 接口抓包。

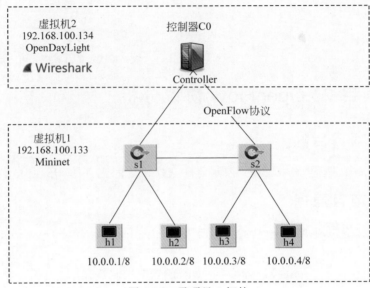

图 13.6 子项目 2 拓扑

步骤 2：在虚拟机 1 中启动自定义 SDN 网络 2s4h.py。

```
./2s4h.py
```

另开一个终端，本地查看 OvS 交换机。

```
ovs-vsctl show
```

如图 13.7 所示，可以看到有两台交换机 s1 和 s2。控制器都设置为远程控制器 192.168.100.134。每台交换机有三个以太网接口和一个环回接口。

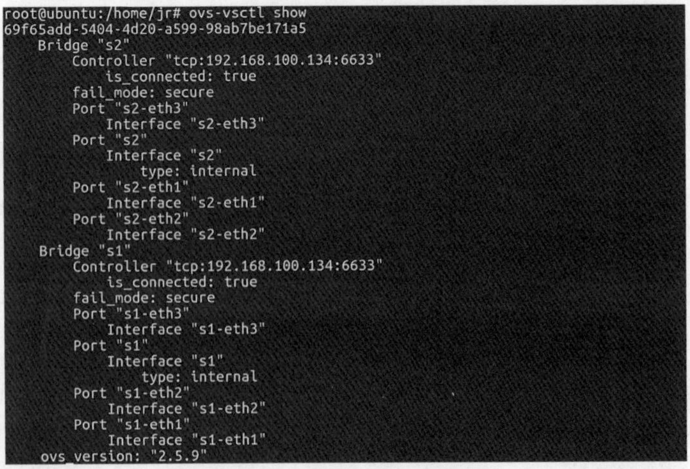

图 13.7 查看 OvS 交换机

如图 13.8 所示，在 OvS 本地查看 s1 的流表。当前有 5 条流表项。

```
ovs-ofctl dump-flows s1
```

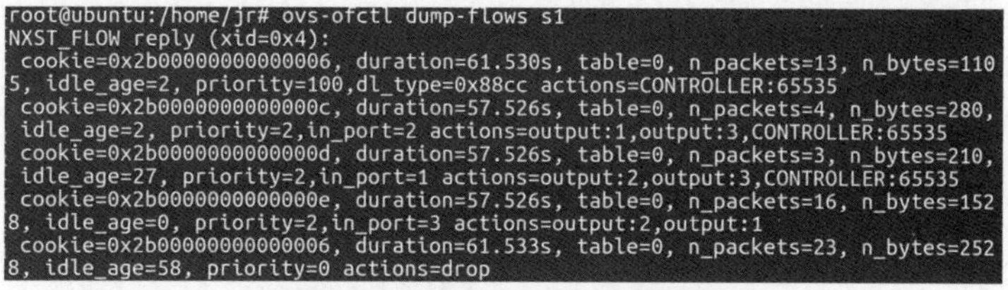

第13章 OpenFlow流表实战

图 13.8 本地查看 s1 的流表

pingall 测试连通性，目的是产生网络流量。

```
pingall
```

再一次在 OvS 本地查看 s1 的流表，如图 13.9 所示。当前有 7 条流表项。增加了两条流表项，匹配项是源 MAC 地址和目的 MAC 地址，动作分别是从 2 号和 1 号端口转发。这两条流表项，是控制器下发给交换机 s1 的。可以进一步通过 Wireshark 抓包分析 OpenFlow 协议的消息交互。

```
ovs-ofctl dump-flows s1
```

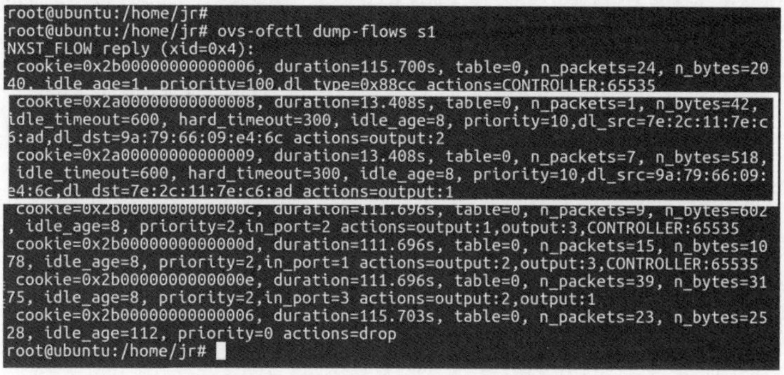

图 13.9 再一次查看 s1 的流表

步骤 3：查看 Wireshark，进行 OpenFlow 协议分析。

在 Wireshark 过滤器中输入"openflow_v4"，过滤 OpenFlow 消息，如图 13.10 所示。

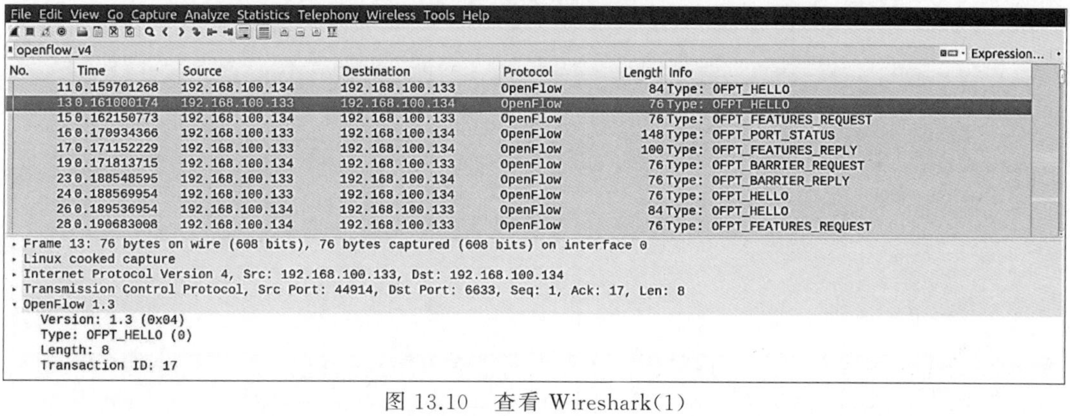

图 13.10 查看 Wireshark(1)

找到 OFPT_HELLO 消息，就是 OpenFlow 的 hello 消息，控制器与交换机互相发送 hello 消息，告诉对方自己能够支持的 OpenFlow 版本。从图中可以看出，支持的协议版本是 1.3。

找到 OFPT_FEATURES_REQUEST，这是 features_request 消息，控制器向交换机要求特征信息。

找到 OFPT_FEATURES_REPLY，这是 features_reply 消息，交换机向控制器回送特征信息。展开 capabilities，如图 13.11 所示，可以看到交换机向控制器报告自己的能力信息。

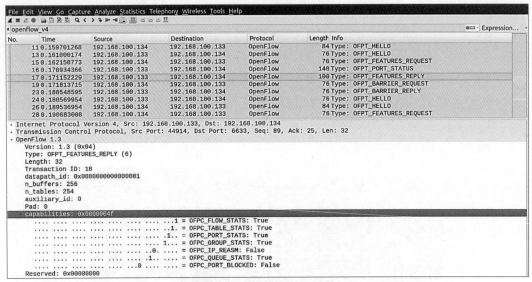

图 13.11　查看 Wireshark(2)

找到 OFPT_PACKET_IN，这是 packet_in 消息，当交换机查找流表，发现没有匹配条目时，向控制器发送 packet_in 消息，询问控制器。图例中展开 Data，如图 13.12 所示，可以看到，这是一个 10.0.0.1 发给 10.0.0.3 的 ping 请求消息，由于目前交换机找不到匹配的表项，于是交换机向控制器 192.168.100.134 发送 paket_in 消息。

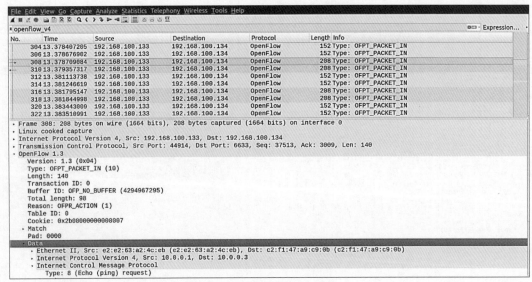

图 13.12　查看 Wireshark(3)

如图 13.13 所示，找到 OFPT_FLOW_MOD，这是 flow_mod 消息。当控制器接收到交换机 packet_in 消息后，回应 flow_mod 消息下发流表，告知交换机匹配项（MATCH）和对应的动作（ACTION），去处理这一类数据包。展开图例中 flow_mod 消息的 OpenFlow 1.3 封装，可以找到 Match 字段和 Instruction 字段，就是控制器告诉交换机添加的表项中的匹配项和对应的动作。

图 13.13　查看 Wireshark（4）

13.3　子项目 3：OvS 交换机本地方式配置流表

实验演示

13.3.1　项目目的

掌握通过本地命令行命令对 Open vSwitch 交换机进行流表的增删操作。

13.3.2　项目原理

Open vSwitch 提供 ovs-ofctl add-flow 命令增加流表项，提供 ovs-ofctl del-flows 命令删除流表项。利用这两条命令，可以以本地命令行的方式实现 OvS 交换机流表的增删操作。

13.3.3　项目任务

如图 13.14 所示，虚拟机 1 运行 Mininet 自定义脚本 2s4h.py，生成由两台交换机和 4 台主机组成的网络。虚拟机 2 开启 OpenDayLight 控制器。在虚拟机 1 的命令行，对交换机 s1 增加一条流表项，将源 IP 地址为 h2 的包丢弃，限制 h2 的流量。然后删除该流表项，恢复 h2 的流量。

软件环境：VMware 17.0.0＋Ubuntu 16.04.7＋Karaf 0.7.3＋Mininet 2.3.1。

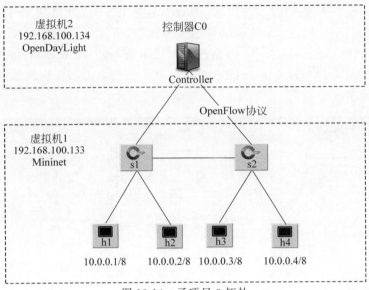

图 13.14　子项目 3 拓扑

13.3.4　项目步骤

步骤 1：在子项目 2 中，已经在 Mininet 中运行了自定义脚本 ./2s4h.py。如图 13.15 所示，用 pingall 命令测试连通性。

```
mininet> pingall
*** Ping: testing ping reachability
h1 -> h3 h2 h4
h3 -> h1 h2 h4
h2 -> h1 h3 h4
h4 -> h1 h3 h2
*** Results: 0% dropped (12/12 received)
```

图 13.15　测试网络连通性

在同一虚拟机 1 的另一终端，通过 OvS 本地的方式，查看交换机 s1 的流表，如图 13.16 所示。

```
ovs-ofctl dump-flows s1
```

```
root@ubuntu:/home/jr#
root@ubuntu:/home/jr# ovs-ofctl dump-flows s1
NXST_FLOW reply (xid=0x4):
 cookie=0x2b00000000000006, duration=115.700s, table=0, n_packets=24, n_bytes=20
40, idle_age=1, priority=100,dl_type=0x88cc actions=CONTROLLER:65535
 cookie=0x2a00000000000008, duration=13.408s, table=0, n_packets=1, n_bytes=42,
idle_timeout=600, hard_timeout=300, idle_age=8, priority=10,dl_src=7e:2c:11:7e:c
6:ad,dl_dst=9a:79:66:09:e4:6c actions=output:2
 cookie=0x2a00000000000009, duration=13.408s, table=0, n_packets=7, n_bytes=518,
idle_timeout=600, hard_timeout=300, idle_age=8, priority=10,dl_src=9a:79:66:09:
e4:6c,dl_dst=7e:2c:11:7e:c6:ad actions=output:1
 cookie=0x2b0000000000000c, duration=111.696s, table=0, n_packets=9, n_bytes=602
, idle_age=8, priority=2,in_port=2 actions=output:1,output:3,CONTROLLER:65535
 cookie=0x2b0000000000000d, duration=111.696s, table=0, n_packets=15, n_bytes=10
78, idle_age=8, priority=2,in_port=1 actions=output:2,output:3,CONTROLLER:65535
 cookie=0x2b0000000000000e, duration=111.696s, table=0, n_packets=39, n_bytes=31
75, idle_age=8, priority=2,in_port=3 actions=output:2,output:1
 cookie=0x2b00000000000006, duration=115.703s, table=0, n_packets=23, n_bytes=25
28, idle_age=112, priority=0 actions=drop
root@ubuntu:/home/jr#
```

图 13.16　查看交换机 s1 的流表

可以看到第一条流表的优先级为 100，第二条和第三条的优先级为 10。接下去三条的优先级为 2，最后一条的优先级为 0，最后一条是默认流表。

步骤 2：增加一条流表项如下，优先级为 12，匹配项为三层源地址 10.0.0.2，动作为 drop，如图 13.17 所示。

```
ovs-ofctl add-flow s1 priority=12,ip,nw_src=10.0.0.2,actions=drop
```

图 13.17　新增刚刚添加的流表项

查看 s1 的流表，发现增加了刚刚添加的流表项，即当 s1 收到源 IP 地址为 10.0.0.2（即 h2）的包时，直接丢弃。而且该流表项的优先级较高。可以预测，h2 不能 ping 其他主机，因为 ping request 会被 s1 drop。其他主机也不能 ping 通 h2，因为 h2 回复的 ping reply 同样会被 s1 drop。

```
ovs-ofctl dump-flows s1
```

如图 13.18 所示，使用 pingall 测试，发现其他主机均不能 ping 通 h2，h2 不能 ping 通其他主机，原因就是优先匹配了增加的这条 action＝drop 的流表项。

图 13.18　测试网络连通性

步骤 3：删除 s1 的流表项，匹配项为 ip,nw_src＝10.0.0.2。与步骤 2 中添加的流表项匹配，则步骤 2 添加的流表项被删除。如图 13.19 所示，查看流表，验证确实已被删除。

```
ovs-ofctl del-flows s1 ip,nw_src=10.0.0.2
```

```
ovs-ofctl dump-flows s1
```

如图 13.20 所示，使用 pingall 测试，再次全网连通。

图 13.19　删除 s1 的流表项

图 13.20　测试网络连通性

13.4　子项目 4：通过 OpenDayLight 的 Yang UI 远程配置流表

实验演示

13.4.1　项目目的

掌握通过 OpenDayLight 的 Yang UI 界面对 OpenFlow 交换机实施流表的增删操作方法。

13.4.2　项目原理

作为 SDN 控制器，应用开发人员可以通过 Web 浏览器登录 OpenDayLight，对 SDN 实施管理。Yang UI 是 OpenDayLight 中一款基于 DLUX 的应用，旨在简化、激励应用的开发与测试。Yang UI 通过动态封装、调用 Yang 模型和相关 REST APIs，生成并展示一个简单的 UI 界面。开发人员可以通过 API 请求获取交换机信息，并且以 JSON 格式展示。Yang UI 主要面向上层应用开发，为应用开发人员提供了很多相关工具，有效地节约了开发人员的时间。

13.4.3　项目任务

子项目 13.3 虽然能实现 OpenFlow 交换机流表的增删操作，但必须在交换机本地实施。SDN 实现了集中控制，从控制器对 OpenFlow 交换机通过远程的方式实施流表的增删操作，更能体现软件定义网络思想。图 13.21 为该项目拓扑，本子项目用控制器上 Yang UI 图形界面的方式，远程对 OpenFlow 交换机 s1 进行流表操作，体现网络的软件可定义。

软件环境：VMware 17.0.0＋Ubuntu 16.04.7＋Karaf 0.7.3＋Mininet 2.3.1。

13.4.4　项目步骤

步骤 1：登录 OpenDayLight 的 Web UI，查看 SDN 信息。

打开 Web 浏览器，输入"http://192.168.100.134：8181/index.html"，其中，192.168.

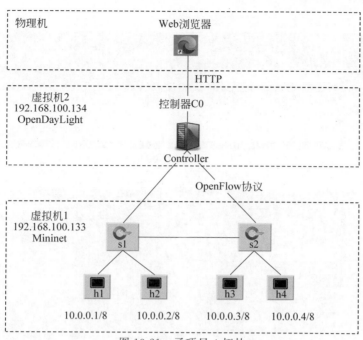

图 13.21 子项目 4 拓扑

100.134 是安装了 OpenDayLight 的虚拟机的 IP 地址。如图 13.22 所示,单击 Topology,查看 Mininet 拓扑。

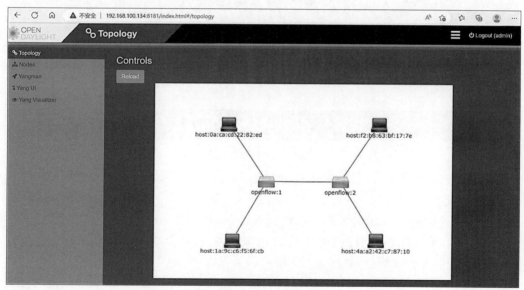

图 13.22 查看 SDN 信息

如图 13.23 所示,查看 Nodes,注意记下交换机 s1 的 Node Id,本例中 Node Id 为 openflow:1。

步骤 2:通过 Yang UI 下发流表。

如图 13.24 和图 13.25 所示,选择 Yang UI,选择 OpenDayLight-inventory rev.2013-08-19->config->nodes->node {id}->table {id}->flow {id}。

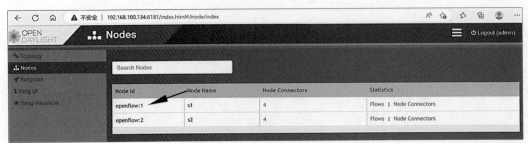

图 13.23　查看 Nodes

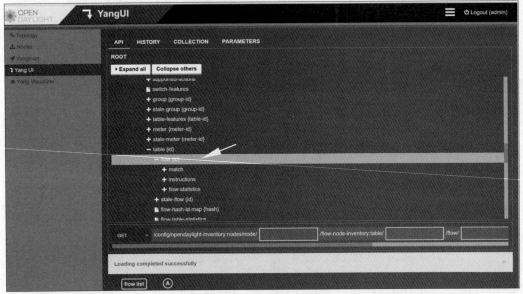

图 13.24　选择 flow {id}

图 13.25　选择 PUT

如图 13.26 所示，选择 PUT，表示下发流表。Node Id 填入 openflow:1，Table Id 填入 0，Flow Id 填入 1。

注意图 13.26 下方，flow list 那一行的最右边，是有一个 item 的（这个版本的 ODL 的 BUG 没有显示，但实际还是有的，可以将鼠标移过去，就会出现 add list item 的提示），单击，就会展开众多流表项信息，如图 13.27 所示。

如图 13.28 所示，其中的 match 的左侧也是可以展开的，单击，可以展开众多的流表匹配项。

如图 13.29 所示，在 id 中填入 1，在 in-port 中填入 2。

如图 13.30 所示，在 instruction list 的后边也隐藏了一个 add list item，单击，可以看到 instruction[0]，0 表示默认的 order 是 0，即默认的 action 是 drop。这里采用默认的设置。

如图 13.31 所示，最后在 priority 中填入 12，table_id 中填入 0。

单击 Send 按钮，就往交换机 openflow:1 下发了一条 in_port=2，actions=drop，

第13章 OpenFlow流表实战

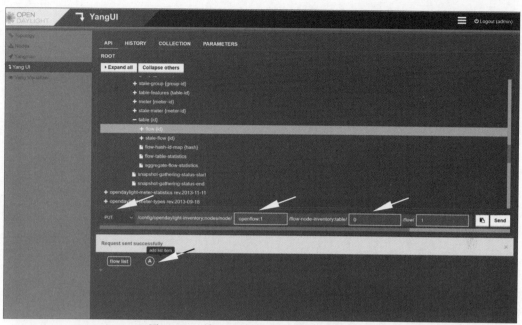

图 13.26　填入 openflow、table id 和 flow id

图 13.27　展开众多流表项信息

priority=12 的流表项。

步骤 3：在 Mininet 中查看流表验证。

如图 13.32 所示，在 Mininet 中查看流表，会发现多了一条流表项，这条流表就是通过 OpenDayLight 的 Yang UI 调用 REST 北向接口进行配置，并通过南向接口下发给 Mininet 中的交换机的。

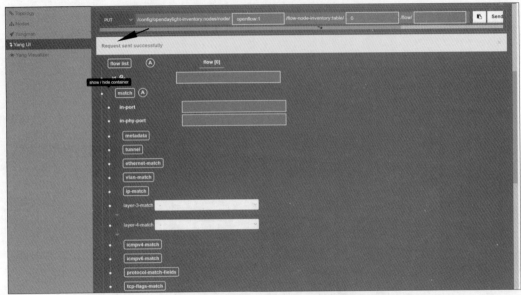

图 13.28　展开众多的流表匹配项

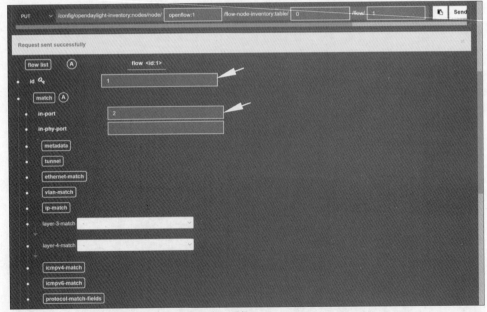

图 13.29　填入 id、in-port

图 13.30　单击 add list item

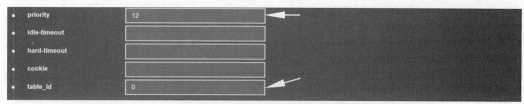

图 13.31　填入 priority 和 table_id

```
root@ubuntu:/home/jr# ovs-ofctl dump-flows s1
NXST_FLOW reply (xid=0x4):
 cookie=0x2b00000000000008, duration=4328.191s, table=0, n_packets=867, n_bytes=73695, idle_age=0, priority=100,dl_type=0x88cc actions=CONTROLLER:65535
 cookie=0x2b00000000000012, duration=4324.206s, table=0, n_packets=65, n_bytes=4606, idle_age=156, priority=2,in_port=2 actions=output:1,output:3,CONTROLLER:65535
 cookie=0x2b00000000000013, duration=4324.206s, table=0, n_packets=81, n_bytes=5698, idle_age=156, priority=2,in_port=1 actions=output:2,output:3,CONTROLLER:65535
 cookie=0x2b00000000000014, duration=4324.206s, table=0, n_packets=178, n_bytes=13127, idle_age=121, priority=2,in_port=3 actions=output:2,output:1
 cookie=0x0, duration=8.686s, table=0, n_packets=0, n_bytes=0, idle_age=8, priority=12,in_port=2 actions=drop
 cookie=0x2a00000000000056, duration=214.433s, table=0, n_packets=4, n_bytes=280, idle_timeout=600, hard_timeout=300, idle_age=156, priority=10,dl_src=0a:ca:cd:22:82:ed,dl_dst=1a:9c:c6:f5:6f:cb actions=output:1
 cookie=0x2a00000000000057, duration=214.433s, table=0, n_packets=4, n_bytes=280, idle_timeout=600, hard_timeout=300, idle_age=156, priority=10,dl_src=1a:9c:c6:f5:6f:cb,dl_dst=0a:ca:cd:22:82:ed actions=output:2
 cookie=0x2b00000000000008, duration=4328.191s, table=0, n_packets=22, n_bytes=2442, idle_age=4325, priority=0 actions=drop
```

图 13.32　查看流表

如图 13.33 所示，ping 测试结果显示，与 h2 相关的连通性失败，原因是新加入的流表项优先级较高，将端口 2 进来的所有的包都丢弃了。

```
mininet> pingall
*** Ping: testing ping reachability
h1 -> h3 X h4
h3 -> h1 X h4
h2 -> X X X
h4 -> h1 h3 X
*** Results: 50% dropped (6/12 received)
```

图 13.33　ping 测试显示连通性失败

步骤 4：通过 Yang UI 删除流表项。

如图 13.34 所示，保持流表项配置跟步骤 2 相同，选择 DELETE，单击 Send 按钮。

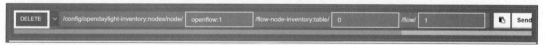

图 13.34　选择 DELETE，单击 send

如图 13.35 所示，在 Mininet 中查看 s1 的流表，可以看到，步骤 3 添加的优先级为 12 的流表项被删除。

```
root@ubuntu:/home/jr# ovs-ofctl dump-flows s1
NXST_FLOW reply (xid=0x4):
 cookie=0x2b00000000000008, duration=4746.248s, table=0, n_packets=950, n_bytes=80750, idle_age=3, priority=100,dl_type=0x88cc actions=CONTROLLER:65535
 cookie=0x2a00000000000058, duration=112.316s, table=0, n_packets=0, n_bytes=0, idle_timeout=600, hard_timeout=300, idle_age=112, priority=10,dl_src=0a:ca:cd:22:82:ed,dl_dst=1a:9c:c6:f5:6f:cb actions=output:1
 cookie=0x2a00000000000059, duration=112.315s, table=0, n_packets=3, n_bytes=126, idle_timeout=600, hard_timeout=300, idle_age=110, priority=10,dl_src=1a:9c:c6:f5:6f:cb,dl_dst=0a:ca:cd:22:82:ed actions=output:2
 cookie=0x2b00000000000012, duration=4742.263s, table=0, n_packets=65, n_bytes=4606, idle_age=574, priority=2,in_port=2 actions=output:1,output:3,CONTROLLER:65535
 cookie=0x2b00000000000013, duration=4742.263s, table=0, n_packets=91, n_bytes=6398, idle_age=76, priority=2,in_port=1 actions=output:2,output:3,CONTROLLER:65535
 cookie=0x2b00000000000014, duration=4742.263s, table=0, n_packets=201, n_bytes=14541, idle_age=73, priority=2,in_port=3 actions=output:2,output:1
 cookie=0x2b00000000000008, duration=4746.248s, table=0, n_packets=22, n_bytes=2442, idle_age=4743, priority=0 actions=drop
```

图 13.35　优先级为 12 的流表项被删除

如图 13.36 所示，再次进行 pingall 测试，此时全网连通。

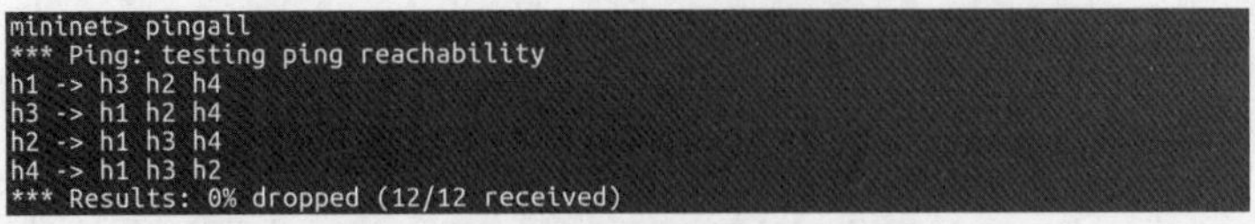

```
mininet> pingall
*** Ping: testing ping reachability
h1 -> h3 h2 h4
h3 -> h1 h2 h4
h2 -> h1 h3 h4
h4 -> h1 h3 h2
*** Results: 0% dropped (12/12 received)
```

图 13.36　pingall 测试全网连通

步骤 5：在 OpenDayLight 的终端，退出 OpenDayLight。注意如果要退出 Karaf，要用命令 system:shutdown，不能直接关闭终端。

```
system:shutdown
```

在 Mininet 的终端，退出 Mininet，清除占用资源。

```
exit
```

```
mn -c
```

习题

1. 在本章内容中，控制器设为远程 OpenDayLight 控制器的目的是什么？
2. 通过 OpenDayLight 的北向 Web UI 可以实现什么功能？
3. OpenFlow 支持哪几种类型的消息？

第 14 章 网络虚拟化 VXLAN 实战

在线习题

云计算实现了计算资源虚拟化、网络资源虚拟化和存储资源虚拟化。在云数据中心网络中，VXLAN(Virtual eXtensible Local Area Network，虚拟扩展局域网)是一种新兴的网络虚拟化技术，能提供大二层网络支持，实现虚拟机的跨网迁移。

本章首先概述 VXLAN 技术，包含云数据中心业务对大二层网络的需求、VXLAN 的技术优势，以及 VXLAN 隧道的封装细节。本章包含两个子项目，子项目 1 以 OvS 交换机本地配置的方式实现 VXLAN，子项目 2 以远程的方式通过 SDN 控制器对 OvS 交换机实施 VXLAN 配置。

通过本章的学习，读者能掌握 SDN 中 VXLAN 技术的配置方法。

14.1 VXLAN 概述

VXLAN 是 VLAN 扩展方案草案，采用 MAC in UDP 封装方式，是 NVo3(Network Virtualization over Layer 3)中的一种网络虚拟化技术。

14.1.1 云数据中心业务对大二层网络的需求

云数据中心业务对网络有全新的诉求，虚拟机不仅要求能在 POD 内自由迁移，在 POD 间自由迁移，还要求能在数据中心间迁移。这就提出了新的诉求，即虚拟机摆脱地理位置的限制自由迁移，构建跨地理区域的大二层网络。

传统网络为何大不起来？首先，VLAN 无法跨越三层网络。其次，STP 收敛时间长，通常不超过 50 个结点。然后，MAC 地址表的容量限制了虚拟机的数量。最后，VLAN 在大规模的虚拟化网络中部署存在如下限制：由于 IEEE 802.1Q 中定义的 VLAN Tag 域只有 12b，仅能表示 4096 个 VLAN，无法满足大二层网络中标识大量租户或租户群的需求。

14.1.2 VXLAN 技术优势

随着数据中心在物理网络基础设施上实施服务器虚拟化的快速发展，作为 NVO3 技术之一的 VXLAN 具有如下技术优势。

- 通过 24b 的 VNI 可以支持多达 16M 的 VXLAN 段的网络隔离，对用户进行隔离和标识不再受到限制，可满足海量租户。
- 除 VXLAN 网络边缘设备，网络中的其他设备不需要识别虚拟机的 MAC 地址，减轻了设备的 MAC 地址学习压力,提升了设备性能。
- 通过采用 MAC in UDP 封装来延伸二层网络,实现了物理网络和虚拟网络解耦,租户可以规划自己的虚拟网络,不需要考虑物理网络 IP 地址和广播域的限制,大大降低了网络管理的难度。

14.1.3 VXLAN 封装

VXLAN 是 MAC in UDP 的网络虚拟化技术,所以其报文封装是在原始以太报文之前添加了一个 UDP 封装及 VXLAN 头封装。VXLAN 封装格式如图 14.1 所示。

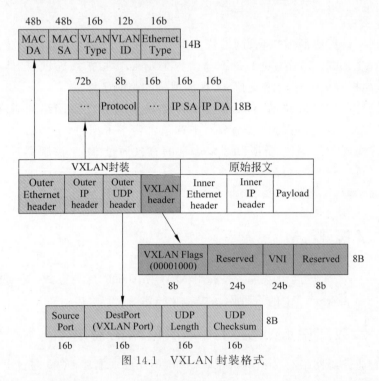

图 14.1 VXLAN 封装格式

注意到 VXLAN 头中有一个 24b 的字段 VNI(VXLAN Network Identifier,VXLAN 网络标识)。VNI 类似 VLAN ID,用于区分 VXLAN 段,不同 VXLAN 段的终端不能直接二层相互通信。在云数据中心网络中,一个 VNI 表示一个租户,即使多个终端用户属于同一个 VNI,也表示一个租户。VNI 由 24b 组成,支持多达 16M 的租户。

VXLAN 只需要边界结点支持 VXLAN,可延伸到服务器的 vSwitch 中,适用于 SDN。以下项目在 Open vSwitch 中是实现 VXLAN。

实验演示

14.2 子项目 1:OvS 交换机本地方式配置 VXLAN 隧道

14.2.1 项目目的

掌握用 Open vSwitch 的命令,在 OvS 交换机本地添加和配置 VXLAN 端口,从而建立 VXLAN 隧道的方法。

14.2.2 项目原理

用 ovs-vsctl add-br 命令添加网桥，用 ovs-vsctl add-port 命令添加并配置 VXLAN 端口，从而建立 VXLAN 隧道。

14.2.3 项目任务

图 14.2 为本实验拓扑图。

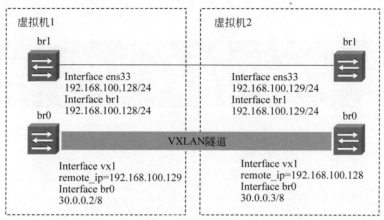

图 14.2　项目拓扑

br1 是隧道网桥，作为 VXLAN 隧道的端点。因为 ens33 是流量流出虚拟机的接口，最后流量肯定要从 ens33 出去，所以将虚拟机的网卡 ens33 加入 br1，转移 ens33 的 IP 地址到网桥 br1 的 br1 接口上。

br0 可以下挂许多 host 组网。可以在跨地域范围的两个 br0 下组建 VXLAN。虽然两个 br0 跨越很广的地域，但只要三层网络是通的，br0 下的主机就可以组网在同一个 VXLAN 中，分配同一网段的 IP 地址，就像本地局域网一样实现通信，即支持跨地域的迁移。本项目简化考虑，直接将网桥 br0 的 br0 接口配置同一个 VXLAN。在网桥 br0 上添加 VXLAN 接口，指明 VXLAN 隧道的对端 IP 地址。这样就在两个网桥 br0 间建立了 VXLAN 隧道。

接口 br1 之间，因为绑定了虚拟机的接口 ens33，所以能直接通信。

接口 br0 之间，本来无法通信，但后来因为建立了 VXLAN 隧道，所以可以通过 VXLAN 隧道通信。逻辑上是直接通过隧道通信，物理上真实的数据包走向是 br0→br1→ens33→ens33→br1→br0。

读者在实战时应注意自己的虚拟机 IP 地址。在本例中，各虚拟机的 IP 配置如图 14.2 所示。

软件环境：VMware 17.0.0＋Ubuntu 16.04.7＋Mininet 2.3.1。

14.2.4 项目步骤

步骤 1：分别在两台虚拟机上记录虚拟机的 IP 和路由信息。

查阅 IP 信息。本例中，在虚拟机 1 上可以查到虚拟机 1 的虚拟网卡对应的接口 ens33，

IP 地址是 192.168.100.128/24。在虚拟机 2 上可以查到虚拟机 2 的虚拟网卡对应的接口 ens33,IP 地址是 192.168.100.129/24。

```
ifconfig
```

如图 14.3 所示,查阅路由信息。本例中,虚拟机 1 和虚拟机 2 上都有一条默认路由,指向默认网关 192.168.100.2。

```
route -n
```

```
root@ubuntu:/home/jr# route -n
Kernel IP routing table
Destination     Gateway         Genmask         Flags Metric Ref    Use Iface
0.0.0.0         192.168.100.2   0.0.0.0         UG    100    0        0 ens33
169.254.0.0     0.0.0.0         255.255.0.0     U     1000   0        0 ens33
192.168.100.0   0.0.0.0         255.255.255.0   U     100    0        0 ens33
```

图 14.3 查阅路由信息

步骤 2:分别在两台虚拟机上创建两个网桥 br0 和 br1。

```
ovs-vsctl add-br br0
ovs-vsctl add-br br1
```

步骤 3:分别在两台虚拟机上转移网卡 ens33 的 IP 到 br1 上,将网卡 ens33 作为端口添加到 br1 中。

以虚拟机 1 为例,命令如下。完成后,用 ovs-vsctl show 查看,可以看到有两个网桥 br1 和 br0。其中,br1 包含一个名为 ens33 的端口。

```
ovs-vsctl add-port br1 ens33            //将虚拟机网卡 ens33 绑定给交换机 br1
ifconfig ens33 up
ifconfig br1 192.168.100.128/24 up      //将 ens33 的 IP 地址配置给 br1
route add default gw 192.168.100.2      //给 br1 添加默认路由
ovs-vsctl show
```

步骤 4:分别在两台虚拟机配置 br0 的 IP 地址。以虚拟机 1 为例。

```
ifconfig br0 30.0.0.2/8 up
```

步骤 5:测试。
在虚拟机 1 上 ping 虚拟机 2 的 br1 地址 192.168.100.129,能 ping 通。

```
ping 192.168.100.129
```

在虚拟机 1 上 ping 虚拟机 2 的 br0 地址 30.0.0.3,不能 ping 通。

```
ping 30.0.0.3
```

br1 之间由于直接绑定 ens33 网卡,所以可以 ping 通。br0 之间无法 ping 通。

第14章 网络虚拟化VXLAN实战

步骤 6：分别在两台虚拟机的 br0 上创建 VXLAN 隧道。

以虚拟机 1 为例，命令如下。vx1 是 VXLAN 接口的名称，type＝vxlan 表示该接口类型为 VXLAN 接口，options：remote_ip＝192.168.100.129 表示 VLAN 隧道的对端地址为 192.168.100.129，在虚拟机 1 的 VXLAN 接口上设置的对端地址为虚拟机 2 的虚拟网卡的地址。

```
ovs-vsctl add-port br0 vx1 -- set interface vx1 type=vxlan options:remote_ip=
192.168.100.129
ovs-vsctl show
```

如图 14.4 所示，现在 br0 下增加了一个名为 vx1 的 VXLAN 接口。

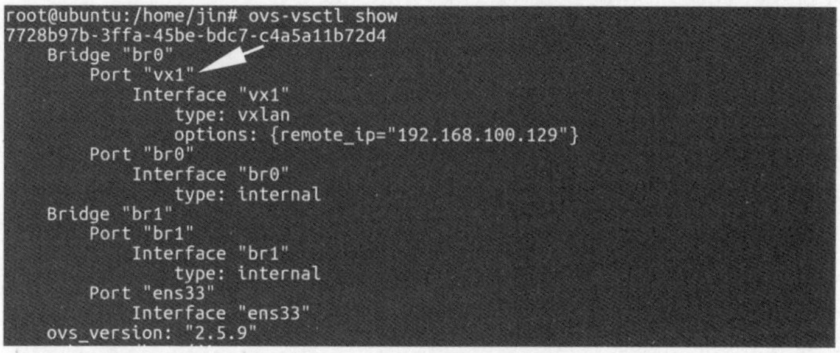

图 14.4　增加 vx1 接口

步骤 7：测试。

在虚拟机 1 上 ping 虚拟机 2 的 br0 地址 30.0.0.3，能 ping 通，说明此时 br0 之间通过 VXLAN 隧道实现了连通。

```
ping 30.0.0.3
```

步骤 8：抓包验证。

如图 14.5 所示，用 tcpdump 验证，可以看到 30.0.0.2 与 30.0.0.3 之间的通信，走的是 VXLAN 隧道。

```
tcpdump -i ens33
```

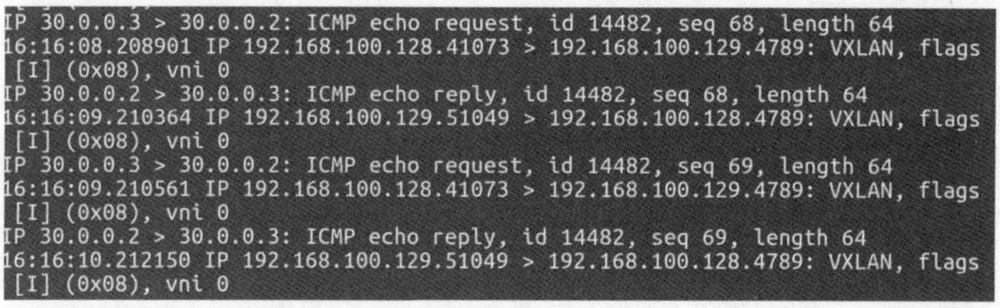

图 14.5　tcpdump 验证

如图 14.6 所示，用 Wireshark 抓包验证，也可以看出 30.0.0.2 与 30.0.0.3 之间的通信，走的是 VXLAN 隧道。

参考 VXLAN 封装，观察 ICMP 包的封装，在原始报文内层的 IP 封装中，源 IP 地址和

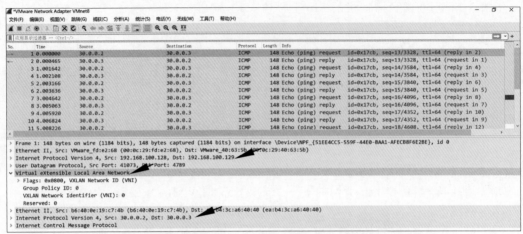

图 14.6 Wireshark 抓包验证

目的 IP 地址分别是 30.0.0.2 和 30.0.0.3。还可以看到有外部的 VXLAN 封装，包含 VXLAN 头，其中有 VNI 等信息。观察到外层的 IP 封装中，源 IP 地址和目的 IP 地址分别是 192.168.100.128 和 192.168.100.129，说明逻辑上是 br0 之间通过隧道进行通信。物理上，需要通过 br1 之间进行通信。

步骤 9：删除配置。

```
ovs-vsctl del-br br0
ovs-vsctl del-br br1
```

实验演示

14.3　子项目 2：通过 Postman 和 OpenDayLight 远程配置 VXLAN 隧道

14.3.1　项目目的

掌握通过 Postman 和 OpenDayLight，为 OvS 交换机远程配置 VXLAN 隧道的方法。体验软件定义思想。

14.3.2　项目原理

与子项目 1 不同，子项目 1 是在 OpenFlow 交换机本地配置 VXLAN。子项目 2 通过 SDN 控制器 OpenDayLight 来配置 OpenFlow 交换机的 VXLAN 接口，真正体现 SDN 软件定义的思想。

Postman 是一个 API 的调试工具，Postman 调用 OpenDayLight 的北向 REST 形式的 API，再通过 OpenDayLight 的南向接口，给 OpenFlow 交换机下发配置，实现 VXLAN。

14.3.3　项目任务

图 14.7 为本项目拓扑图。

子项目 1 是在 OvS 的本地进行 VXLAN 的配置。子项目 2 通过 SDN 控制器 OpenDayLight

第14章 网络虚拟化VXLAN实战

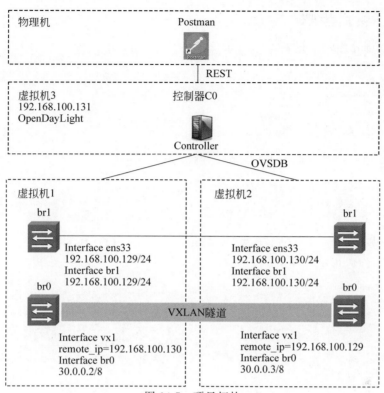

图14.7 项目拓扑

来配置 VXLAN 隧道。

为什么不用 YANG UI,而要用 Postman 来实现远程的 VXLAN 配置？第一个原因,如果是虚拟机 3 运行 ODL,虚拟机 1 和虚拟机 2 的 br1 绑定 ens33,再在 Mininet 中创建 br0,指定控制器为 ODL。在这种情景之下,ODL 的 Web 界面根本发现不了 Mininet 的拓扑,就更谈不上用 YANG UI 来配置 VXLAN 隧道了。但 Mininet 虚拟机和 ODL 虚拟机之间还是可以 ping 通的。第二个原因,在 YANG UI 中并没有地方可以配置 OvS 的接口。由于以上两个原因,采用了 Postman。

Postman 是一个 API 的调试工具,相当于 Postman 用了 ODL 的北向接口 API,该北向接口是 REST 形式的。我们用北向接口 API 的方式去配置 VXLAN 隧道。

值得说明的是,本项目通过 Postman 调用 ODL 的北向接口 API 时,ODL 使用的南向协议不是 OpenFlow,而是 OVSDB。运行 OvS 的虚拟机 1 和虚拟机 2 与 ODL 控制器的 6640 端口建立连接。

Postman 官网下载地址 https://www.postman.com/downloads/,自行安装。

读者在实战时应注意自己的虚拟机 IP 地址。在本例中,各虚拟机的 IP 配置如图 14.7 所示。

软件环境：VMware 17.0.0＋Ubuntu 16.04.7＋Karaf 0.3.0＋Mininet 2.3.1＋Postman。注意,本项目不能选用内存为 4GB 的 Karaf 0.7.3,而是选用内存为 8GB 的 Karaf 0.3.0,否则不能与 Postman 成功对接。

14.3.4 项目步骤

步骤1：分别在两台虚拟机上记录下虚拟机的 IP 和路由信息。

```
ifconfig
```

```
route -n
```

步骤2：分别在两台虚拟机上创建两个网桥 br0 和 br1。

```
ovs-vsctl add-br br0
ovs-vsctl add-br br1
```

步骤3：分别在两台虚拟机上转移网卡 ens33 的 IP 到 br1 上，将网卡 ens33 作为端口添加到 br1 中。下面以虚拟机 1 为例。

```
ovs-vsctl add-port br1 ens33              //将虚拟机网卡 ens33 绑定给交换机 br1
ifconfig ens33 up
ifconfig br1 192.168.100.129/24 up        //将 ens33 的 IP 地址配置给 br1
route add default gw 192.168.100.2        //给 br1 添加默认路由
ovs-vsctl show
```

步骤4：分别在两台虚拟机上配置 br0 的 IP 地址。下面以虚拟机 1 为例。

```
ifconfig br0 30.0.0.2/8 up
```

步骤5：测试。

```
ping 192.168.100.129
```

```
ping 30.0.0.3
```

br1 之间由于直接绑定 ens33 网卡，所以可以 ping 通。br0 之间无法 ping 通。

步骤6：分别在虚拟机 1 和虚拟机 2 上手动设置 manager，两个网桥自动与控制器相连。注意 OpenDayLight 的 IP 地址是 192.168.100.131，用端口号为 6640，如图 14.8 所示。注意一定要显示 is_connected：true 才表明连接成功。

```
ovs-vsctl set-manager tcp:192.168.100.131:6640
ovs-vsctl show
```

步骤7：通过 Postman 配置 VXLAN 隧道，首先 Postman 获取结点信息，如表 14.1 所示。

如图 14.9 所示选择 GET，输入"http://192.168.100.131：8282/ovsdb/nb/v3/node"，填写头部信息，单击 Send 按钮。

第14章 网络虚拟化VXLAN实战

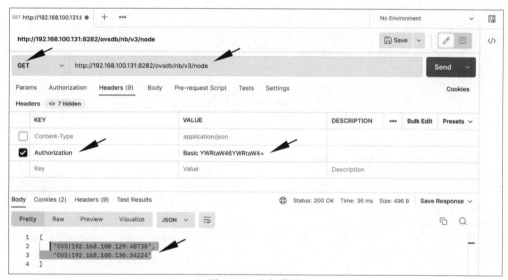

图14.8 设置manager

表14.1 信息表

Header	Value
Authorization	Basic YWRtaW46YWRtaW4=

图14.9 头部信息

得到结点信息，有两个结点，一个是192.168.100.129:48738，另一个是192.168.100.130:34224，对应项目环境中的两台虚拟机。

步骤8：获取各结点的bridge信息，也就是交换机信息，如表14.2所示。

表14.2 信息表

Header	Value
Authorization	Basic YWRtaW46YWRtaW4=

如图14.10所示选择GET，填入"http://192.168.100.131：8282/ovsdb/nb/v2/node/OVS/192.168.100.129:48738/tables/bridge/rows/"，填写头部信息，单击Send按钮。

如图14.11所示，查看到有两个bridge。展开查看两个bridge的信息，查看name信息，注意判定哪个是br0，本项目是要在br0中添加VXLAN接口以打通br0之间的隧道。在本例中，0706b102-f25d-42d3-8705-252592b1d024对应的是br0。

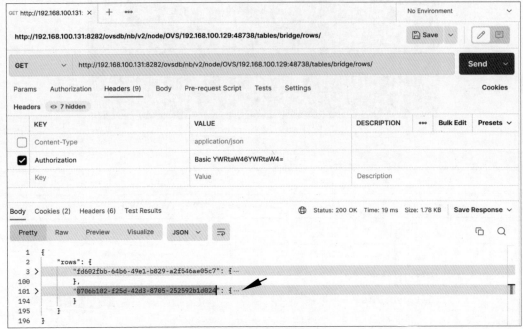

图 14.10 填写头部信息

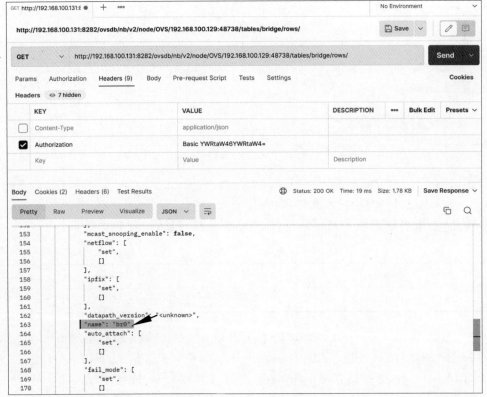

图 14.11 添加 VXLAN 接口

同理获取结点 192.168.100.130：34224 的 bridge 信息，如图 14.12 所示。选择 GET，填入"http://192.168.100.131：8282/ovsdb/nb/v2/node/OVS/192.168.100.130：34224/tables/bridge/rows/"，单击 Send 按钮。

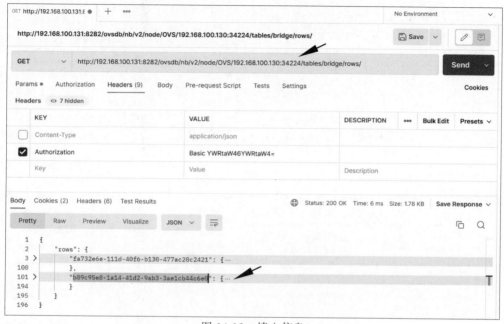

图 14.12　填入信息

通过查看 name 信息，得知 b89c95e8-1a14-41d2-9ab3-3ae1cb44c6e0 对应的 bridge 为 br0。

步骤 9：为两个结点的 br0 交换机添加 VXLAN 端口。

为结点 192.168.100.129：48738 的 br0 添加 VXLAN 端口。如图 14.13 所示，选择 POST，填入"http://192.168.100.131：8282/ovsdb/nb/v2/node/OVS/192.168.100.129：48738/tables/port/rows"，填写头信息如表 14.3 所示。

表 14.3　信息表

Header	Value
Content-Type	application/json

图 14.13　填写信息

如图 14.14 所示选择 Body,下拉选择 JSON,填写 Body 信息如下,其中"parent_uuid":"0706b102-f25d-42d3-8705-252592b1d024"对应的信息就是在上一步骤中查询到的 br0 交换机的 uuid。其中,"name":"vx1"表示新建的端口名称为 vx1。

```
{
    "parent_uuid":"0706b102-f25d-42d3-8705-252592b1d024",
    "row":{
        "Port":{
            "name":"vx1"
        }
    }
}
```

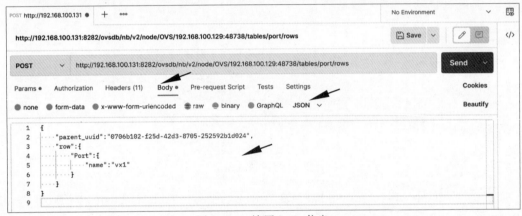

图 14.14　填写 body 信息

单击 Send 按钮, Status: 201 Created 表示创建成功。同理,给结点 192.168.100.130:34224 的 br0 交换机添加 VXLAN 端口。选择 POST,填入"http://192.168.100.131:8282/ovsdb/nb/v2/node/OVS/192.168.100.130:34224/tables/port/rows"。头信息如表 14.4 所示。

表 14.4　信息表

Header	Value
Content-Type	application/json

```
{
    "parent_uuid":"b89c95e8-1a14-41d2-9ab3-3ae1cb44c6e0",
    "row":{
        "Port":{
            "name":"vx1"
        }
    }
}
```

单击 Send 按钮,创建成功。

步骤10：查询结点的接口信息。

查询结点 192.168.100.129:48738 的接口信息。

如图 14.15 所示选择 GET，填入"http://192.168.100.131:8282/ovsdb/nb/v2/node/OVS/192.168.100.129:48738/tables/interface/rows/"，头信息如表 14.5 所示，单击 Send 按钮。

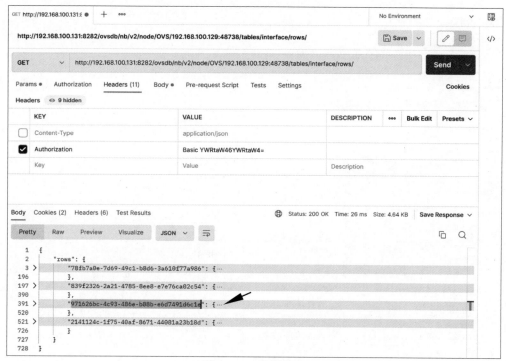

图 14.15　填写信息

表 14.5　信息表

Header	Value
Authorization	Basic YWRtaW46YWRtaW4=

查到有 4 个 interface，展开可以查看接口信息，如图 14.16 所示，其中包含 name 信息，在这个例子里，第一个接口是 br1，第二个接口是 br0，第三个接口是 vx1，第四个接口是 ens33。所以我们关注的是第三个接口 vx1，这是新加进去的 VXLAN 接口。记下 ID 为 971626bc-4c93-486e-b88b-e6d7491d6c1e。

同理，查询结点 192.168.100.130:34224 的接口信息。查询得第一个接口是 vx1 接口，记下 ID 为 d98eb5dd-150d-48b1-ae3b-dfbd048498db。

如图 14.17 所示，选择 GET，填入"http://192.168.100.131:8282/ovsdb/nb/v2/node/OVS/192.168.100.130:34224/tables/interface/rows/"，选择头部信息，单击 Send 按钮。

步骤11：配置 VXLAN 接口。

配置结点 192.168.100.129:48738 的 VXLAN 接口 971626bc-4c93-486e-b88b-e6d7491d6c1e。

如图 14.18 所示选择 PUT，填入"http://192.168.100.131:8282/ovsdb/nb/v2/node/OVS/

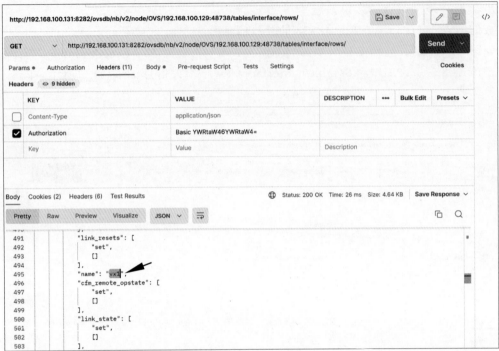

图 14.16　查看接口信息

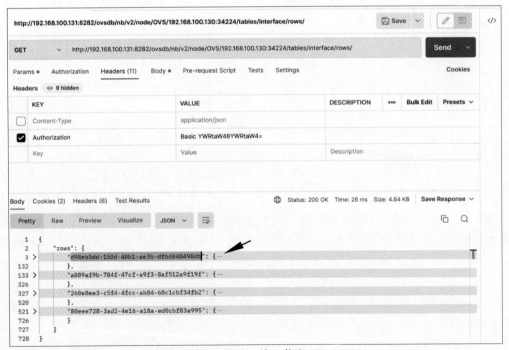

图 14.17　填入信息

192.168.100.129:48738/tables/interface/rows/971626bc-4c93-486e-b88b-e6d7491d6c1e",注意这里的 971626bc-4c93-486e-b88b-e6d7491d6c1e 是步骤 10 得到的 192.168.100.129 上的 br0 上的 VXLAN 接口 vx1,填写 Header 信息,填写 Body 信息。

Header 信息如表 14.6 所示。

表 14.6 信 息 表

Header	Value
Content-Type	application/json
Authorization	Basic YWRtaW46YWRtaW4=

Body 信息如下，其中，"type"："vxlan"表示类型为 vxlan 接口，"remote_ip"，"192.168.100.130"表示该 vxlan 接口的对端地址为 192.168.100.130。

```
{
    "row":{
        "Interface":{
            "type":"vxlan",
            "ofport_request":10,
            "options":
            [
                "map",
                [
                    ["key","flow"],
                    ["remote_ip","192.168.100.130"]
                ]
            ]
        }
    }
}
```

单击 Send 按钮，显示"Success"，如图 14.18 所示。

图 14.18 显示 Success

同理，设置结点 192.168.100.130：34224 的 VXLAN 接口 d98eb5dd-150d-48b1-ae3b-dfbd048498db。如图 14.19 所示，选择 PUT，填入"http://192.168.100.131：8282/ovsdb/nb/v2/node/OVS/192.168.100.130：34224/tables/interface/rows/d98eb5dd-150d-48b1-ae3b-dfbd048498db。"Body 信息如图 14.19 所示。注意 Body 中的 remote_ip 写为对端地址 192.168.100.129。单击 Send 按钮，显示成功。

图 14.19　修改为对端地址

步骤 12：如图 14.20 和图 14.21 所示，查看两个结点虚拟机的 OvS 信息，验证已经添加 VXLAN 接口。

```
ovs-vsctl show
```

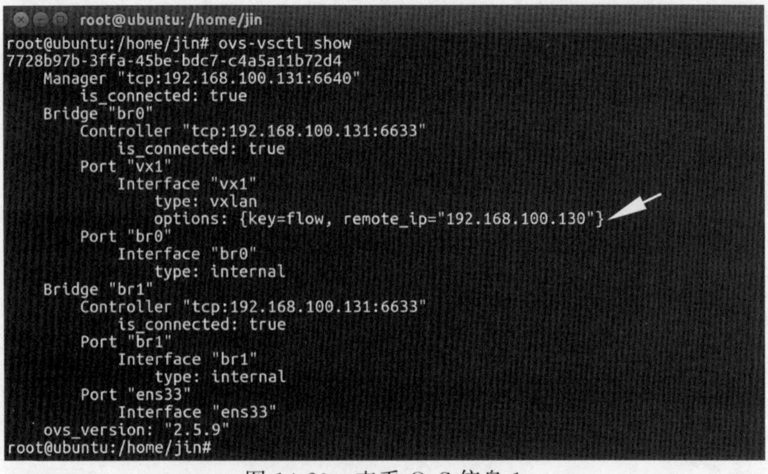

图 14.20　查看 OvS 信息 1

第14章 网络虚拟化VXLAN实战　153

图 14.21　查看 OvS 信息 2

步骤 13：如图 14.22 所示，将网桥与控制器断连。

```
ovs-vsctl del-controller br1
ovs-vsctl del-controller br0
```

图 14.22　将网桥与控制器断连

如图 14.23 和图 14.24 所示，再次分别查看两台虚拟机上的交换机信息。注意到由于网桥与控制器断连，br0 和 br1 下面的 Controller 信息没有了。

图 14.23　查看交换机信息 1

虚拟机 2 的 OvS 交换机信息如图 14.24 所示。

步骤 14：验证虚拟机 1 的 br0 和虚拟机 2 的 br0 能够通信。

如图 14.25 所示，ping 验证。在虚拟机 1 上进行 ping 测试，ping 虚拟机 2 的 br0 的 IP 地址 30.0.0.3，由于 br0 之间没有直接的网络连接，本来是 ping 不通的，但由于在 br0 之间添加设置了 VXLAN 隧道，现在 br0 之间可以通信了。

```
ping 30.0.0.3
```

```
root@ubuntu:/home/jin# ovs-vsctl show
7728b97b-3ffa-45be-bdc7-c4a5a11b72d4
    Manager "tcp:192.168.100.131:6640"
        is_connected: true
    Bridge "br0"
        Port "vx1"
            Interface "vx1"
                type: vxlan
                options: {key=flow, remote_ip="192.168.100.129"}
        Port "br0"
            Interface "br0"
                type: internal
    Bridge "br1"
        Port "br1"
            Interface "br1"
                type: internal
        Port "ens33"
            Interface "ens33"
    ovs_version: "2.5.9"
root@ubuntu:/home/jin#
```

图 14.24　查看交换机信息 2

```
root@ubuntu:/home/jin# ping 30.0.0.3
PING 30.0.0.3 (30.0.0.3) 56(84) bytes of data.
64 bytes from 30.0.0.3: icmp_seq=1 ttl=64 time=10.2 ms
64 bytes from 30.0.0.3: icmp_seq=2 ttl=64 time=1.09 ms
64 bytes from 30.0.0.3: icmp_seq=3 ttl=64 time=1.03 ms
64 bytes from 30.0.0.3: icmp_seq=4 ttl=64 time=1.12 ms
^C
--- 30.0.0.3 ping statistics ---
4 packets transmitted, 4 received, 0% packet loss, time 3005ms
rtt min/avg/max/mdev = 1.032/3.384/10.290/3.987 ms
root@ubuntu:/home/jin#
```

图 14.25　验证网络连通性

Wireshark 抓包验证。截图如图 14.26 所示,可以查看到 VXLAN 封装,内层 IP 为 30.0.0.0/8,外层 IP 为 192.168.100.0/24。

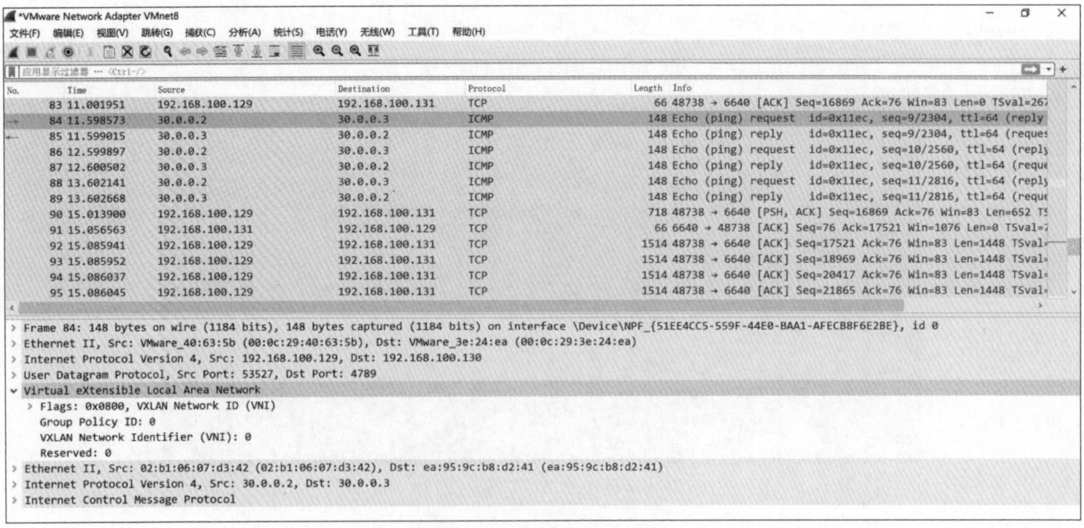

图 14.26　抓包示意图

习题

1. 传统网络中为什么存在大规模部署的限制？请至少列举两个原因。
2. 为什么传统的 VLAN 无法跨越三层网络？请解释其原因。

3. VXLAN 技术相对于传统网络有哪些优势？请至少列举三个技术优势，并简要说明每个优势的作用。

4. 根据 14.2.3 节的项目任务，说明为什么将虚拟机的网卡 ens33 加入 br1，并转移 ens33 的 IP 地址到网桥 br1 的 br1 接口上？

5. 为什么不用 YANG UI，而要用 Postman 来实现远程的 VXLAN 配置？

第15章 流表进阶之计量表和组表实战

本章探究流表的高级功能,包含计量表和组表。由于计量表需要 Open vSwitch 2.8 以上的版本,子项目 1 完成 Open vSwitch 2.8.1 的手动安装,完成 Mininet 2.3.1＋ Open vSwitch 2.8.1 的环境搭建。子项目 2 探究计量表限速,首先创建限速计量表,然后下发应用该计量表的流表,实现限速。子项目 3 探究组表,选用 all 类型的组表实现广播。

通过本章的学习,读者能体会 SDN 特有的 meter 表限速和 group 组表功能。

15.1 子项目 1:安装 Open vSwitch 2.8.1

15.1.1 项目目的

掌握 Open vSwitch 2.8.1 的手动安装方法。

15.1.2 项目原理

由于子项目 2 的 meter 表需要 OvS 2.8 以上的版本,而 Mininet 2.3.1 自带安装的 Open vSwitch 的版本是 2.5.9,不支持 meter 表。为此,需要手动下载 Open vSwitch 2.8.1,手动安装。子项目 1 完成 Mininet 2.3.1＋ Open vSwitch 2.8.1 的环境搭建,为子项目 2 的 meter 表做好环境的准备。

15.1.3 项目任务

在 Ubuntu 16.04 中完成 Mininet 2.3.1＋ Open vSwitch 2.8.1 的环境搭建。

15.1.4 项目步骤

步骤 1:安装 Mininet 2.3.1。
同步最新的软件包。

```
apt-get update
apt-get upgrade
```

安装 git。

```
apt-get install git
```

第15章 流表进阶之计量表和组表实战

下载 Mininet 源码。

```
git clone http://github.com/mininet/mininet.git
```

进入 /mininet/util 目录,执行 install.sh 安装。注意这里用选项-n3,不用-v 或-V,即只安装 Mininet,不安装 Open vSwitch。

```
cd mininet
cd util
./install.sh -n3
```

步骤 2:准备工作。
安装 Python。

```
apt install python
```

安装 python-pip。

```
apt install python-pip
```

步骤 3:安装 OvS 2.8.1。

如图 15.1 所示,到 OvS 官网 http://www.openvswitch.org/,单击 DOWNLOAD 按钮,在下载列表中选择 Open vSwitch 2.8.1,单击即可下载 openvswitch-2.8.1.tar.gz,解压。

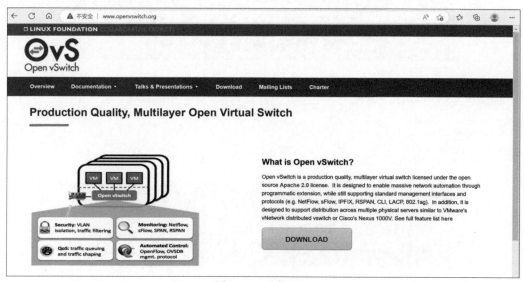

图 15.1 下载 OvS

生成 makefile 文件。

```
./configure
```

使用 make 编译文件。

```
make
```

使用 make install 安装。

```
make install
```

如图 15.2 所示,检查模块。如果在安装的过程中修改了内核模块,那么重新编译内核。

```
make modules_install
```

图 15.2 检查模块

如图 15.3 所示,载入模块,载入 openvswitch 模块到内核中。

```
/sbin/modprobe openvswitch
```

验证模块已导入内核中。

```
/sbin/lsmod | grep openvswitch
```

图 15.3 验证模块

如图 15.4 所示,启动 OvS。

```
export PATH=$PATH:/usr/local/share/openvswitch/scripts
OvS-ctl start
```

图 15.4 启动 OvS

如图 15.5 所示,启动 OvSdb-server 服务。

```
export PATH=$PATH:/usr/local/share/openvswitch/scripts
OvS-ctl --no-OvS-vswitchd start
```

如图 15.6 所示,启动 OvS-vswitchd 服务。

第15章 流表进阶之计量表和组表实战

```
root@ubuntu:/home/jr/openvswitch-2.8.1# export PATH=$PATH:/usr/local/share/openvswitch/scripts
root@ubuntu:/home/jr/openvswitch-2.8.1# ovs-ctl --no-ovs-vswitchd start
 * ovsdb-server is already running
 * Enabling remote OVSDB managers
```

图 15.5 启动 OvSdb-server 服务

```
export PATH=$PATH:/usr/local/share/openvswitch/scripts
OvS-ctl --no-OvSdb-server start
```

```
root@ubuntu:/home/jr/openvswitch-2.8.1# export PATH=$PATH:/usr/local/share/openvswitch/scripts
root@ubuntu:/home/jr/openvswitch-2.8.1# ovs-ctl --no-ovsdb-server start
 * ovs-vswitchd is already running
 * Enabling remote OVSDB managers
```

图 15.6 启动 OvS-vswitchd 服务

如图 15.7 所示,配置 OvSdb 数据库。

```
mkdir -p /usr/local/etc/openvswitch
ovsdb-tool create /usr/local/etc/openvswitch/conf.db \
    vswitchd/vswitch.ovsschema
```

```
root@ubuntu:/home/jr/openvswitch-2.8.1# mkdir -p /usr/local/etc/openvswitch
root@ubuntu:/home/jr/openvswitch-2.8.1# ovsdb-tool create /usr/local/etc/openvswitch/conf.db \
> vswitchd/vswitch.ovsschema
2023-04-03T05:10:51Z|00001|lockfile|WARN|/usr/local/etc/openvswitch/.conf.db.~lock~:
cannot lock file because it is already locked by pid 23463
ovsdb-tool: I/O error: /usr/local/etc/openvswitch/conf.db: failed to lock lockfile (Resource temporarily unavailable)
```

图 15.7 配置 OvSdb 数据库

如图 15.8 所示,配置 ovsdb-server 以使用上面创建的数据库,监听 UNIX 域套接字。

```
mkdir -p /usr/local/var/run/openvswitch
ovsdb-server --remote=punix:/usr/local/var/run/openvswitch/db.sock \
    --remote=db:Open_vSwitch,Open_vSwitch,manager_options \
    --private-key=db:Open_vSwitch,SSL,private_key \
    --certificate=db:Open_vSwitch,SSL,certificate \
    --bootstrap-ca-cert=db:Open_vSwitch,SSL,ca_cert \
    --pidfile --detach --log-file
```

```
root@ubuntu:/home/jr/openvswitch-2.8.1# mkdir -p /usr/local/var/run/openvswitch
root@ubuntu:/home/jr/openvswitch-2.8.1# ovsdb-server --remote=punix:/usr/local/var/run/openvswitch/db.sock \
> --remote=db:Open_vSwitch,Open_vSwitch,manager_options \
> --private-key=db:Open_vSwitch,SSL,private_key \
> --certificate=db:Open_vSwitch,SSL,certificate \
> --bootstrap-ca-cert=db:Open_vSwitch,SSL,ca_cert \
> --pidfile --detach --log-file
2023-04-03T05:13:16Z|00001|vlog|INFO|opened log file /usr/local/var/log/openvswitch/ovsdb-server.log
ovsdb-server: /usr/local/var/run/openvswitch/ovsdb-server.pid: already running as pid 23463, aborting
```

图 15.8 配置 ovsdb-server

使用 ovs-vsctl 初始化数据库。

```
ovs-vsctl --no-wait init
```

如图 15.9 所示,启动主 Open vSwitch 守护进程。

```
ovs-vswitchd --pidfile --detach --log-file
```

```
root@ubuntu:/home/jr/openvswitch-2.8.1# ovs-vsctl --no-wait init
root@ubuntu:/home/jr/openvswitch-2.8.1# ovs-vswitchd --pidfile --detach --log-file
2023-04-03T05:13:46Z|00001|vlog|INFO|opened log file /usr/local/var/log/openvswitch/o
vs-vswitchd.log
ovs-vswitchd: /usr/local/var/run/openvswitch/ovs-vswitchd.pid: already running as pid
 23477, aborting
```

图 15.9　启动主 Open vSwitch 守护进程

如图 15.10 所示，验证查看 OvS 的版本号，确认现在的 OvS 版本是 2.8.1。

```
ovs-vsctl show
```

```
root@ubuntu:/home/jr/openvswitch-2.8.1# ovs-vsctl show
106f2d1f-b760-480a-b8a9-c6b27fd5b75e
    ovs_version: "2.8.1"
```

图 15.10　查看 OvS 的版本号

实验演示

15.2　子项目 2：OpenFlow 高级功能之计量表实战

网络限速有很多种方式，如网卡限速、队列限速、meter 表限速。其中，meter 表限速是颇具代表性的限速方式。因为网卡限速和队列限速都是传统网络的限速方式，而 meter 表限速是 SDN 架构下的限速方式。

由于 meter 表是 OpenFlow 13 出现的特性，而 Open vSwitch 2.8.0 以上的版本才支持 OpenFlow 13。

15.2.1　项目目的

掌握 OpenFlow 流表中的计量表的配置和下发，体会用计量表实现限速。

15.2.2　项目原理

OpenFlow 1.3 包括计量表，用以定义 OpenFlow 交换机对数据包转发的性能参数，能起限速的作用。

计量表限速的原理是丢弃多余的数据包。例如，限速是 5Mb/s，如果流量是 10Mb/s，交换机会丢弃超过 5Mb/s 的流量，然后转发剩下的 5Mb/s 流量。

计量表的结构如图 15.11 所示。

| 计量标识（meter identifier） | 计量带宽（meter bands） | 计数器（counters） |

图 15.11　计量表的结构

计量标识(meter identifier)：表示 meter 表的身份 ID，在交换机中是唯一的，计量标识从 1 开始，最大值根据交换机能够支持的最大数值而定。

计量带宽(meter bands)：是一个 band 数组，能包含多个计量带。同一时间只有一个计量带生效，如果数据包的速度超过所有的计量带，那么配置的速度最高的计量带会被使用。

计数器(counters)：该计数器统计了匹配到这个计量表的流的数量。

其中，Meter 带宽（Meter Bands）的结构如图 15.12 所示。

Bands Type	Rate	Counters	type Specific arguments

图 15.12　Meter 带宽（Meter Bands）的结构

类型（Bands Type）：是指高出限速值的数据包的处理方式。有三种处理方式：drop 表示丢弃掉超过限速值的数据包；remark 表示采用简单的 DiffServ 策略；experimenter 表示用于创新实验。默认的 Bands Type 是 drop。

15.2.3　项目任务

如图 15.13 所示，搭建一个网络，由一台 OpenFlow 交换机 s1 和两台主机 h1 和 h2 组成。h1 和 h2 分别与 s1 的 eth1 和 eth2 接口相连。本子项目在 s1 创建并下发计量表，实现 h1 到 h2 流量的 5Mb/s 限速。

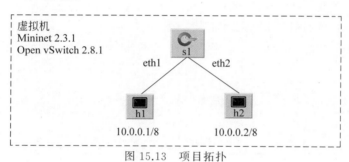

图 15.13　项目拓扑

软件环境：VMware 17.0.0＋Ubuntu 16.04.7＋Mininet 2.3.1＋Open vSwitch 2.8.1。

15.2.4　项目步骤

步骤 1：搭建网络拓扑。

如图 15.14 所示，用命令 mn 新建一个拓扑，一个交换机，下面挂两个主机。如图 15.15 和图 15.16 所示，用 pingall 命令测试网络连通性，用 links 命令查看链路端口信息。

```
mn
```

图 15.14　使用命令 mn 新建一个拓扑

```
pingall
```

```
mininet> pingall
*** Ping: testing ping reachability
h1 -> h2
h2 -> h1
*** Results: 0% dropped (2/2 received)
mininet>
```

图 15.15　测试网络连通性

```
links
```

```
mininet> links
h1-eth0<->s1-eth1 (OK OK)
h2-eth0<->s1-eth2 (OK OK)
mininet>
```

图 15.16　查看链路端口信息

步骤 2：iperf 测量 h1 与 h2 之间的带宽。

iperf 工具是用来测量网络带宽的常用命令。

在 Mininet 中，使用 xterm 命令打开两台主机的命令行界面，用 iperf 工具进行 h1 和 h2 之间的带宽测试。

```
xterm h1
```

```
xterm h2
```

h2 作为 iperf 的服务器，执行命令 iperf -s，如图 15.17 所示。

```
iperf -s
```

图 15.17　查看带宽

h1 作为 iperf 的客户机，执行以下命令测试与 iperf 服务器即 h1 之间的带宽。默认采用 TCP 连接。在没有限速之前，测得的速度和机器的性能有关，在本例中可以看出，h1 和 h2 之间的带宽是 68.1Gb/s，如图 15.18 所示。

```
iperf -c 10.0.0.2
```

步骤 3：设置 datapath。

如图 15.19 所示，设置 datapath 为用户态。datapath 一般来说是运行在内核态，如果想实现限速功能，就需要将其设置成用户态。

第15章 流表进阶之计量表和组表实战

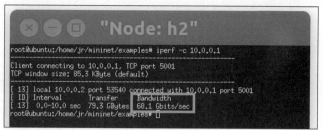

图 15.18　查看带宽

```
ovs-vsctl set bridge s1 datapath_type=netdev
ovs-vsctl set bridge s1 protocols=OpenFlow13
```

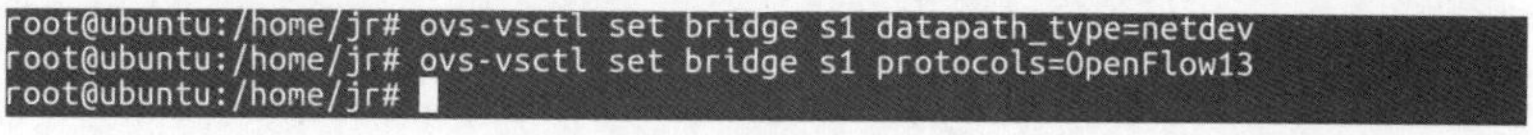

图 15.19　设置 datapath

步骤 4：创建 meter 表。

如图 15.20 所示，为交换机 s1 创建 meter 限速表，ID 为 1，计量单位为 kb/s，限速带的类型设为 drop，表示超过限速的数据包丢弃，限速带的限速速率为 5000，即 5Mb/s。

```
ovs-ofctl add-meter s1 meter=1,kbps,band=type=drop,rate=5000 -O openflow13
```

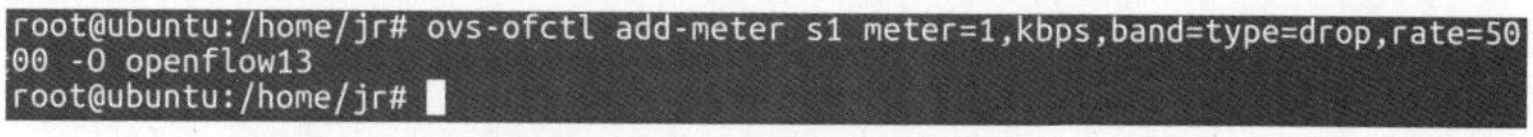

图 15.20　创建 meter 表

如图 15.21 所示，查看 s1 上的 meter 表。

```
ovs-ofctl dump-meters s1 -O openflow13
```

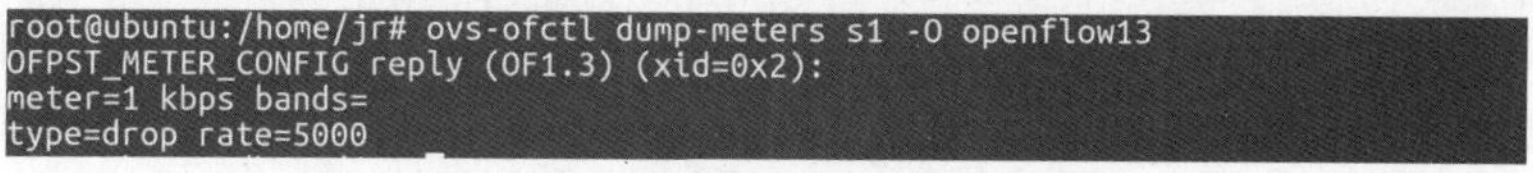

图 15.21　查看 s1 上的 meter 表

步骤 5：下发流表，使用步骤 4 中的 meter 表。

如图 15.22 所示，下发流表。匹配进端口为 1，转发动作为 meter:1,output:2。meter:1 表示匹配到的流首先交给 meter 表处理，就是超过 5MB 的数据包丢弃掉，然后再交给 output:2，从 2 端口转发出去。

```
ovs-ofctl add-flow s1 priority=200, in_port=1, action=meter:1, output:2 -O OpenFlow13
```

图 15.22　下发流表

如图 15.23 所示,同时增加一条流表,从 2 端口进来的数据包,从 1 端口转发出去。

```
ovs -ofctl add-flow s1 priority=200,in_port=2,action=output:1 -O OpenFlow13
```

```
root@ubuntu:/home/jr# ovs-ofctl add-flow s1 priority=200,in_port=2,action=output
:1 -O OpenFlow13
```

图 15.23　增加一条流表

如图 15.24 所示,查看 s1 的流表,可以看到新增的两条流表。

```
ovs -ofctl dump-flows s1 -O OpenFlow13
```

```
root@ubuntu:/home/jr# ovs-ofctl dump-flows s1 -O OpenFlow13
 cookie=0x0, duration=294.637s, table=0, n_packets=1, n_bytes=70, priority=200,i
n_port="s1-eth1" actions=meter:1,output:"s1-eth2"
 cookie=0x0, duration=251.043s, table=0, n_packets=0, n_bytes=0, priority=200,in
_port="s1-eth2" actions=output:"s1-eth1"
 cookie=0x0, duration=737.016s, table=0, n_packets=2, n_bytes=140, priority=0 ac
tions=CONTROLLER:128
```

图 15.24　查看 s1 的流表

步骤 6:关闭 tx 校验。

当 datapath_type 设置为 netdev 之后,就是将 datapath 从内核态转换到了用户态,这时 datapath 收到数据包会校验数据包,若校验不通过会丢弃数据包。这是很多时候造成 datapath_type=netdev 之后,主机之间能够 ping 通,但是不能够使用 iperf 测量带宽的原因。为此需要将 tx-checksumming 关闭掉。

如图 15.25 所示,查看网卡名称。本例中网卡名称为 ens33。

```
ifconfig
```

```
root@ubuntu:/home/jr# ifconfig
ens33     Link encap:Ethernet  HWaddr 00:0c:29:b0:80:c3
          inet addr:192.168.100.134  Bcast:192.168.100.255  Mask:255.255.255.0
          inet6 addr: fe80::457c:f246:bf9:9932/64 Scope:Link
          UP BROADCAST RUNNING MULTICAST  MTU:1500  Metric:1
          RX packets:48771 errors:0 dropped:0 overruns:0 frame:0
          TX packets:10582 errors:0 dropped:0 overruns:0 carrier:0
          collisions:0 txqueuelen:1000
          RX bytes:65229976 (65.2 MB)  TX bytes:688797 (688.7 KB)
```

图 15.25　查看网卡名称

如图 15.26 所示,关闭主机的网卡的 tx 校验。

```
ethtool -K ens33 tx off
```

```
root@ubuntu:/home/jr# ethtool -K ens33 tx off
Cannot get device udp-fragmentation-offload settings: Operation not supported
Cannot get device udp-fragmentation-offload settings: Operation not supported
```

图 15.26　关闭主机的网卡的 tx 校验

如图 15.27 所示,查看 iperf 客户端即 h1 的网卡名称。本例中网卡名称为 h1-eth0。

```
ifconfig
```

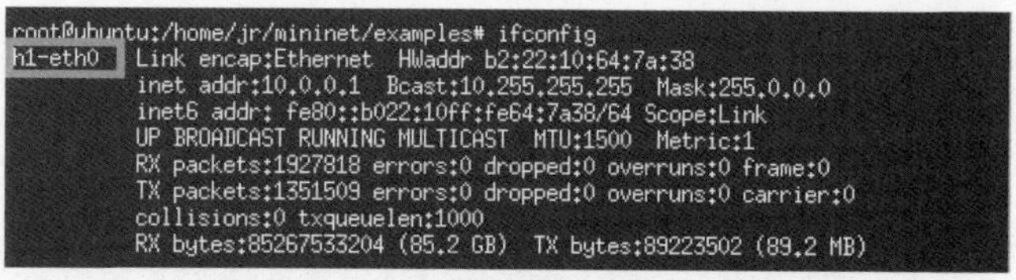

```
root@ubuntu:/home/jr/mininet/examples# ifconfig
h1-eth0   Link encap:Ethernet  HWaddr b2:22:10:64:7a:38
          inet addr:10.0.0.1  Bcast:10.255.255.255  Mask:255.0.0.0
          inet6 addr: fe80::b022:10ff:fe64:7a38/64 Scope:Link
          UP BROADCAST RUNNING MULTICAST  MTU:1500  Metric:1
          RX packets:1927818 errors:0 dropped:0 overruns:0 frame:0
          TX packets:1351509 errors:0 dropped:0 overruns:0 carrier:0
          collisions:0 txqueuelen:1000
          RX bytes:85267533204 (85.2 GB)  TX bytes:89223502 (89.2 MB)
```

图 15.27　查看 h1 的网卡名称

如图 15.28 所示，关闭 iperf 客户端的 tx 校验。

```
ethtool -K h1-eth0 tx off
```

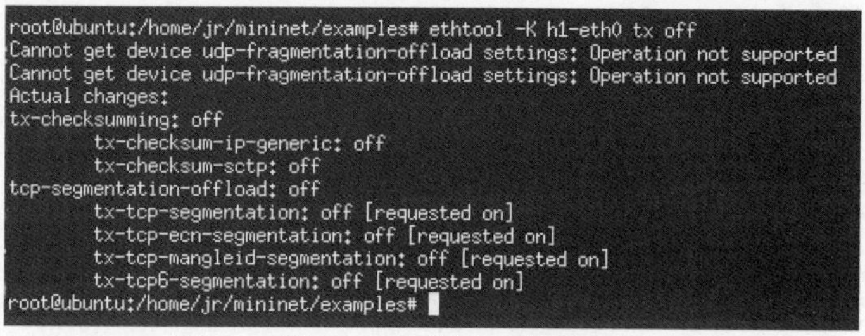

```
root@ubuntu:/home/jr/mininet/examples# ethtool -K h1-eth0 tx off
Cannot get device udp-fragmentation-offload settings: Operation not supported
Cannot get device udp-fragmentation-offload settings: Operation not supported
Actual changes:
tx-checksumming: off
        tx-checksum-ip-generic: off
        tx-checksum-sctp: off
tcp-segmentation-offload: off
        tx-tcp-segmentation: off [requested on]
        tx-tcp-ecn-segmentation: off [requested on]
        tx-tcp-mangleid-segmentation: off [requested on]
        tx-tcp6-segmentation: off [requested on]
root@ubuntu:/home/jr/mininet/examples#
```

图 15.28　关闭 tx 校验

步骤 7：meter 表限速验证。

iperf 服务器端即 h2 开启 iperf 服务，注意在 iperf 打流时使用 UDP 的流测量准确度会高于 TCP，命令中的-u 表示使用 UDP。

```
iperf -u -s
```

iperf 客户端即 h1 以 10M 的速度打流。-i 表示间隔 5s，总共测 20s。

```
iperf -c 10.0.0.2 -b 10M -i 5 -t 20
```

从图 15.29 和图 15.30 可以看出，客户端持续以 10Mb/s 的速率打流，服务器端测得的带宽为 5.04Mb/s。原因是 s1 应用了 meter 表，限速设为 5Mb/s，所以 s1 在收到 1 口的 10Mb/s 的包后，首先根据 meter 表限速，丢弃超过 5Mb/s 的包，再转发到 2 口。因此服务器端即 h2 测得真正的带宽大约为 5Mb/s。说明本项目的应用 meter 表限速成功。

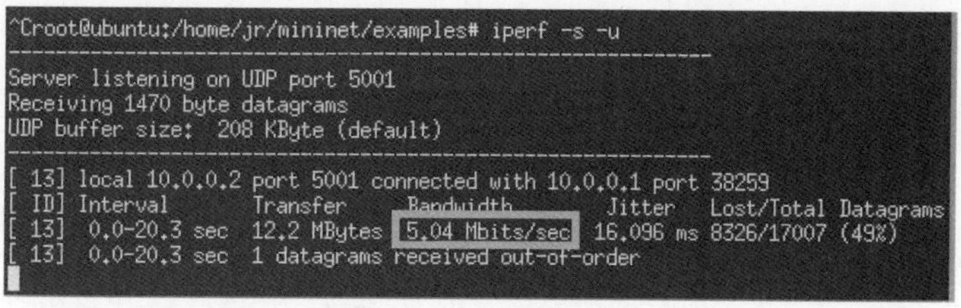

```
^Croot@ubuntu:/home/jr/mininet/examples# iperf -s -u
------------------------------------------------------------
Server listening on UDP port 5001
Receiving 1470 byte datagrams
UDP buffer size:  208 KByte (default)
------------------------------------------------------------
[ 13] local 10.0.0.2 port 5001 connected with 10.0.0.1 port 38259
[ ID] Interval       Transfer     Bandwidth        Jitter   Lost/Total Datagrams
[ 13]  0.0-20.3 sec  12.2 MBytes  5.04 Mbits/sec  16.096 ms 8326/17007 (49%)
[ 13]  0.0-20.3 sec  1 datagrams received out-of-order
```

图 15.29　带宽速率

图 15.30　带宽速率

15.3　子项目3：OpenFlow 高级功能之组表实战

15.3.1　项目目的

掌握 OpenFlow 流表中的组表的配置和下发，体会用组表实现广播或组播。

15.3.2　项目原理

组表(Group Table)是 OpenFlow 1.1 之后引入的一个高级功能，可以解决在特定场景下需要很多流表才能完成的动作。

组表的能力如下。

1．节省流表空间

组表可以存储多个动作，当匹配到一个合适的动作后可以执行多个动作，优化了流表一个匹配加一个动作的工作模式。

2．数据包复制

组表可以将进入的流量复制成多份，并对每一份单独处理。例如，特定场合下可以一边将流量正常转发，一边将流量导入到某一个分析机中。

3．容错能力(备用端口/路径)

组表有识别 up 端口和 down 端口的能力，可以在 up 端口 down 掉之后选择一个新的 up 端口转发流量。

4．负载分担

组表可以选择动作中的某一个动作执行，在负载的场景下就可以通过转发到不同的端口实现负载分担。

组表(Group Table)是一个行为桶的列表，选择其中一个或多个桶以应用到一个包上。一个组表项的结构如图 15.31 所示。

| 组ID | 组类型 | 计数器 | 行为桶 |

图 15.31　组表项的结构

组 ID(Group Identifier)：一个 32b 无符号的整型，用来表示组表的编号。

组类型(Group Type)：表示组表的类型。

计数器(Counters)：该计数器统计被该组表处理的数据包数量。

行为桶(Action Buckets)：一个动作桶的有序列表，每一个桶包含多个动作可以去执行。一个组表没有动作桶默认是丢弃数据。一个桶的典型使用是包含一个可以修改数据包的动作和一个将数据转发到另一个端口的动作。

组类型包括以下几项。

(1) all：执行动作桶中的所有动作，可以用于组播或广播。

(2) select：随机执行动作桶中的一个动作，可以用于多径传播，可以实现负载分担。

(3) indirect：执行组表中的一个定义的动作桶。这种组表只支持一个动作桶。允许多个流表条目或者组表指向这个 ID，支持更快、更高效地聚合，可以用于路由聚合。

(4) fast failover：执行第一个活动的桶。每个动作桶和特殊的端口有关系，可以控制动作桶的存活。动作桶有序的定义在组表中，第一个和活动的端口有关系的桶会被选择。

15.3.3 项目任务

如图 15.32 所示，搭建一个网络，由一台 OpenFlow 交换机 s1 和三台主机 h1、h2 和 h3 组成。h1、h2 和 h3 分别与 s1 的 eth1、eth2 和 eth3 接口相连。本子项目在 s1 创建并下发 all 类型组表，实现 h1 到其他主机的广播。

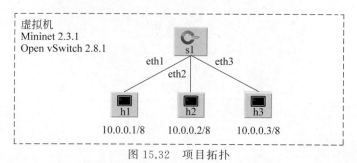

图 15.32　项目拓扑

软件环境：VMware 17.0.0＋Ubuntu 16.04.7＋Mininet 2.3.1＋Open vSwitch 2.8.1。

15.3.4 项目步骤

步骤 1：搭建网络拓扑。

用 Mininet 新建一个拓扑，一个交换机，下面挂三个主机。用 pingall 测试网络连通性，用 links 查看链路端口信息。

```
mn --topo single,3
pingall
links
```

接下来，测试在 Mininet 中用 xterm 命令打开三台主机的命令行界面，进行 h1 ping h2 的测试。

```
xterm h1
```

```
xterm h2
```

```
xterm h3
```

在 h2 和 h3 上执行命令 tcpdump。

```
tcpdump
```

用 h1 ping h2。从图 15.33 看出,当 h1 ping h2 时,交互的 ICMP 消息是单播消息,只在 h1 与 h2 之间交互,h3 并不会收到 h1 ping h2 产生的 ICMP 消息。

```
ping 10.0.0.2
```

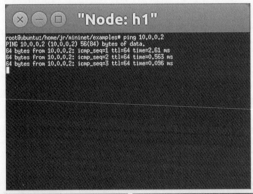

图 15.33 用 ping 命令测试

步骤 2:创建并下发组表实现广播。

如图 15.34 所示,创建 all 类型的组表,编号为 1。两个行为桶的动作分别是向 2 号和 3 号端口转发。

```
ovs-ofctl add-group s1 group_id=1,type=all,bucket=output:2,bucket=output:3 -O openflow11
```

图 15.34 创建 all 类型的组表

如图 15.35 所示,查看组表。

```
ovs-ofctl dump-groups s1 -O openflow11
```

```
root@ubuntu:/home/jr# ovs-ofctl dump-groups s1 -O openflow11
OFPST_GROUP_DESC reply (OF1.1) (xid=0x2):
 group_id=1,type=all,bucket=actions=output:"s1-eth2",bucket=actions=output:"s1-e
th3"
```

图 15.35　查看组表

如图 15.36 所示，应用组表。向 s1 添加一条流表，该流表的动作中引用上一步创建的编号为 1 的组表。表示从 1 号端口进来的流，匹配组表进行转发，组表的行为桶显示，分别向 2 号和 3 号端口转发，即实现了 1 号端口收到的流向 2 号和 3 号端口进行广播。

```
ovs-ofctl add-flow s1 in_port=1,action=group:1 -O openflow11
```

```
root@ubuntu:/home/jr# ovs-ofctl add-flow s1 in_port=1,action=group:1 -O openflow
11
```

图 15.36　应用组表

如图 15.37 所示，查看流表。

```
ovs-ofctl dump-flows s1 -O openflow11
```

```
root@ubuntu:/home/jr# ovs-ofctl dump-flows s1 -O openflow11
 cookie=0x0, duration=77.958s, table=0, n_packets=0, n_bytes=0, in_port="s1-eth1
" actions=group:1
 cookie=0x0, duration=1712.788s, table=0, n_packets=61, n_bytes=4442, priority=0
actions=CONTROLLER:128
```

图 15.37　查看流表

如图 15.38 所示，验证。在 Mininet 中用 xterm 命令打开三台主机的命令行界面。在 h1 ping h2。

```
ping 10.0.0.2
```

观察 h2 和 h3 都收到了 h1 ping h2 产生的 ICMP 消息。分析原因，s1 从 1 号端口收到 h1 发给 h2 的 ICMP request，根据组表，向 2 号和 3 号端口转发，所以 h2 和 h3 都能收到这个 ICMP request。可以验证，用 type=all 类型的组表，可以实现广播。

图 15.38　验证连通性

图 15.38 （续）

习题

1. 子项目 2 中的计量表用于实现什么功能？
2. 在 OpenFlow 1.3 中，计量表的作用是什么？它如何实现限速功能？
3. 计量表中的计量带宽（Meter Bands）有什么作用？
4. 组表（Group Table）是 OpenFlow 1.1 之后引入的高级功能，下面哪个选项正确列举了组表的 4 个能力和组的 4 种类型？（　　）

  A. 节省流表空间、数据包复制、容错能力、负载分担；all、select、indirect、fast failover

  B. 节省流表空间、数据包复制、容错能力、负载分担；drop、remark、experimenter、meter

  C. 节省流表空间、数据包复制、容错能力、负载分担；load、output、match、action

  D. 节省流表空间、数据包复制、容错能力、负载分担；forward、mirror、rate limit、classify

第 16 章 云网一体化实战

在线习题

OpenStack 由于其成熟且开源的特性，已经被广泛采用作为云平台。如果 OpenStack 管理的是传统网络，当租户要求创建一个虚拟网络时，OpenStack 分配资源创建对应虚拟网络后，网络工程师必须手动到传统网络的设备上去配置网络。这种架构显然是过于僵化的。为了应对传统网络的僵化问题，出现了 NFV 网络功能虚拟化的需求，在 NFV 领域，SDN 由于其转发控制分离的特性而成为佼佼者。在 SDN 的控制器中，OpenDayLight（ODL）由于其高度可用、模块化、可扩展、支持多种协议等特性脱颖而出。如果 OpenStack 管理的是 SDN，且 OpenStack 与 ODL 实现对接完成云网一体化以后，当租户要求创建一个虚拟网络时，OpenStack 分配资源创建对应虚拟网络，ODL 能自动在 SDN 上配置网络设备，而无须网络工程师手动地对网络设备进行命令行的配置。这就是云网一体化的意义。

本章在研究 OpenStack 中的 Neutron 架构和 ODL 架构的基础上，首先搭建支撑环境（若直接使用镜像，可跳过该步骤），然后对接 OpenStack 和 OpenDayLight 实现云网一体化，最后进行云网一体化验证，确保 OpenStack 维护的网络资源数据库和 OpenDayLight 维护的网络数据库保持一致。

16.1 子项目 1：搭建支撑环境

16.1.1 项目目的

搭建系统环境，配置网络环境，安装 OpenStack 和 OpenDayLight。

16.1.2 项目原理

项目支撑环境既包含云平台 OpenStack，也包含 SDN 平台 OpenDayLight。

16.1.3 项目任务

由于 OpenStack 所需要的资源非常大，本项目需在服务器中实践。由于服务器数量的限制，本项目在服务器上虚拟出两台虚拟机，一台运行云平台 OpenStack，另一台运行 SDN 控制器 OpenDayLight，如图 16.1 所示。

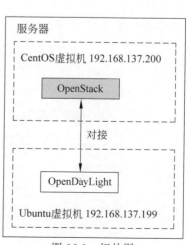

图 16.1 拓扑图

16.1.4 项目步骤

1. 操作系统环境

由于 OpenStack 所需要的资源非常大，本项目需在服务器中实践。由于服务器数量的限制，本项目在服务器上虚拟出两台虚拟机，一台运行云平台 OpenStack，一台运行 SDN 控制器 OpenDayLight。

服务器操作系统：Windows 10。

服务器虚拟化平台：VMware Workstation Pro。

OpenStack 所在虚拟机的配置如下。

操作系统：CentOS Linux 7。

虚拟机内存：30GB（OpenStack 所需要内存很大，所以尽量大地配置该虚拟机内存）。

硬盘大小：40GB。

其他设置如图 16.2 所示。

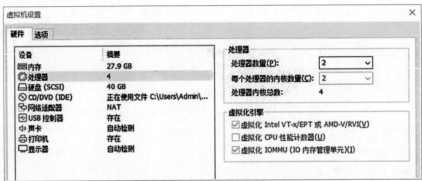

图 16.2　OpenStack 虚拟机系统配置

OpenDayLight 所在虚拟机的配置如下。

操作系统：Ubuntu 16.04 LTS。

虚拟机内存：4GB。

硬盘：20GB。

其他设置如图 16.3 所示。

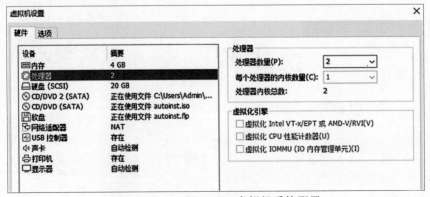

图 16.3　OpenDayLight 虚拟机系统配置

2．配置网络环境

为 OpenStack 和 OpenDayLight 所在的虚拟机进行静态网络配置。

步骤 1：查看子网信息。

两台虚拟机均采用 NAT 模式进行联网，在 VMware 中单击"编辑"，找到虚拟网络编辑器，单击进入虚拟网络编辑器，查看 NAT 模式的虚拟网络 vmnet8 子网地址如图 16.4 所示，则 OpenStack 及 OpenDayLight 所在的虚拟机的 IP 地址应配置在该子网 192.168.137.0 内。

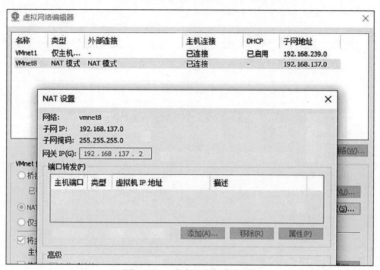

图 16.4　虚拟网络编辑器

步骤 2：OpenStack 虚拟机网络设置。

（1）打开 OpenStack 所在的虚拟机，打开终端，用 ifconfig -a 查看网卡 ens33（也有可能是 eth～）的地址，若不是处于 vmnet8 下，则需要使用如下命令进行网络设置。

```
systemctl disable NetworkManager    //关闭 NetworkManager,开启传统网络
systemctl stop NetworkManager
systemctl enable network
systemctl start network
systemctl disable firewalled        //关闭防火墙
systemctl stop firewalld
```

（2）打开 config 文件，并将 selinux 改为 disabled，如图 16.5 所示。修改后保存退出（按 Esc 键后保存退出）。

```
vim /etc/selinux/config
```

（3）修改 ens33 网卡地址使用静态地址，设置 IP 地址，注意 IP 地址须在 vmnet8 子网 192.168.137.0 中，如图 16.6 所示。

```
vim etc/sysconfig/network-scripts/ifcfg-ens33
```

（4）重新启动 network，用 ifconfig 命令查看确认 ens33 的 IP 地址。

```
# This file controls the state of SELinux on the system.
# SELINUX= can take one of these three values:
#     enforcing - SELinux security policy is enforced.
#     permissive - SELinux prints warnings instead of enforcing.
#     disabled - No SELinux policy is loaded.
SELINUX=disabled
# SELINUXTYPE= can take one of three values:
#     targeted - Targeted processes are protected,
#     minimum - Modification of targeted policy. Only selected processes are pro
tected.
#     mls - Multi Level Security protection.
SELINUXTYPE=targeted
```

图 16.5　修改 config 文件

```
TYPE=Ethernet
PROXY_METHOD=none
BROWSER_ONLY=no
BOOTPROTO=static
DEFROUTE=yes
IPV4_FAILURE_FATAL=no
IPV6INIT=yes
IPV6_AUTOCONF=yes
IPV6_DEFROUTE=yes
IPV6_FAILURE_FATAL=no
NAME=ens33
UUID=7328c2be-9f56-4940-ac00-cf46cf80b9dd
DEVICE=ens33
ONBOOT=yes
IPADDR=192.168.137.200
NETMASK=255.255.255.0
GATEWAY=192.168.137.2
DNS1=192.168.137.2
```

图 16.6　ens33 网卡配置

```
systemctl restart network
```

步骤 3：OpenDayLight 虚拟机网络设置。

虽然 OpenDayLight 和 OpenStack 所安装的 Linux 系统不相同，但网络的基本设置是相同的。在 OpenDayLight 虚拟机中，只需要修改网卡 ens33 的配置文件，并且重启即可。用 ifconfig 命令查看 ens33 的 IP 地址，如图 16.7 所示，确认处于子网 192.168.137.0 中。此时 OpenStack 和 OpenDayLight 所在的两台虚拟机可以相互 ping 通。

```
sudo etc/init.d/networking restart
```

```
ens33: flags=4163<UP,BROADCAST,RUNNING,MULTICAST>  mtu 1500
        inet 192.168.137.199  netmask 255.255.255.0  broadcast 192.168.137.25
        inet6 fe80::20c:29ff:fe75:3b9c  prefixlen 64  scopeid 0x20<link>
        ether 00:0c:29:75:3b:9c  txqueuelen 1000  (Ethernet)
        RX packets 6845817  bytes 6647441164 (6.6 GB)
        RX errors 0  dropped 0  overruns 0  frame 0
        TX packets 5264541  bytes 733840516 (733.8 MB)
        TX errors 0  dropped 0 overruns 0  carrier 0  collisions 0
```

图 16.7　查看 OpenDayLight 所在虚拟机的网络配置

3. 安装 OpenStack 前的环境准备

步骤 1：如图 16.8 所示编辑 environment 文件。

```
vim  etc/environment
```

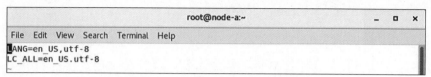

图 16.8　编辑 environment 文件

步骤 2：安装并修改 chrony。

（1）安装 chrony。如图 16.9 所示表示安装 chrony 成功。

```
yum install chrony -y
```

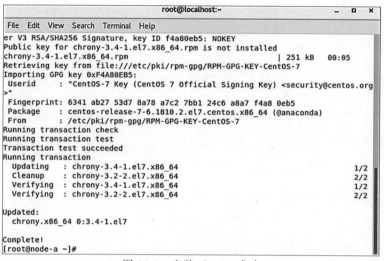

图 16.9　安装 chrony 成功

（2）在 etc 文件夹中找到 chrony.conf，修改成如图 16.10 所示。

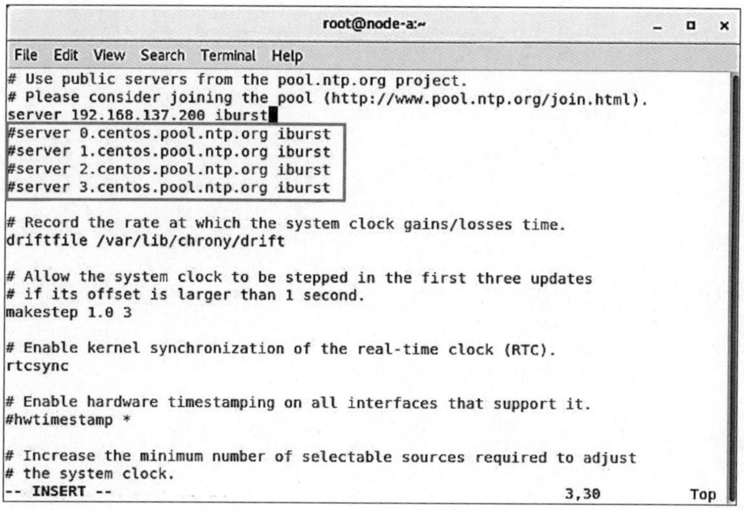

图 16.10　修改 chrony 文件

（3）重新启动 chronyd 服务。

```
systemctl restart chronyd.service
```

步骤 3：安装 centos-release-openstack-queens。

```
yum install -y centos-release-openstack-queens
```

步骤 4：更新 plugins。

```
yum-config-manager --enable openstack-queens
```

步骤 5：更新 yum。

```
yum update -y
```

步骤 6：切换到 yum.repos.d 文件夹。

```
cd /etc/yum.repos.d/
```

下载 deloren-deps 并修改配置文件。

```
curl -O https://trunk.rdoproject.org/centos7/delorean-deps.repo
vim /etc/yum.repos.d/delorean-deps.repo
```

删掉不需要的部分，修改成如图 16.11 所示，保存。

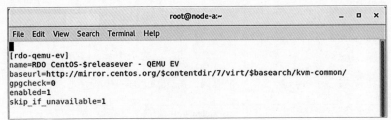

图 16.11　修改 delorean-deps.repo 文件

步骤 7：安装 packstack。

```
yum -y install openstack-packstack
```

4. OpenStack 的安装

上一个部分中已经做好了 OpenStack 安装前的准备，OpenStack 可以用 packstack 命令一键安装。

步骤 1：在命令行输入如下命令即可安装。

```
packstack --allinone
```

步骤 2：进入 OpenStack。

在 Web 浏览器中输入"http://192.168.137.200/dashboard"的网址，即 OpenStack 图形化界面的地址，即可打开 OpenStack 图形化界面，如图 16.12 所示。

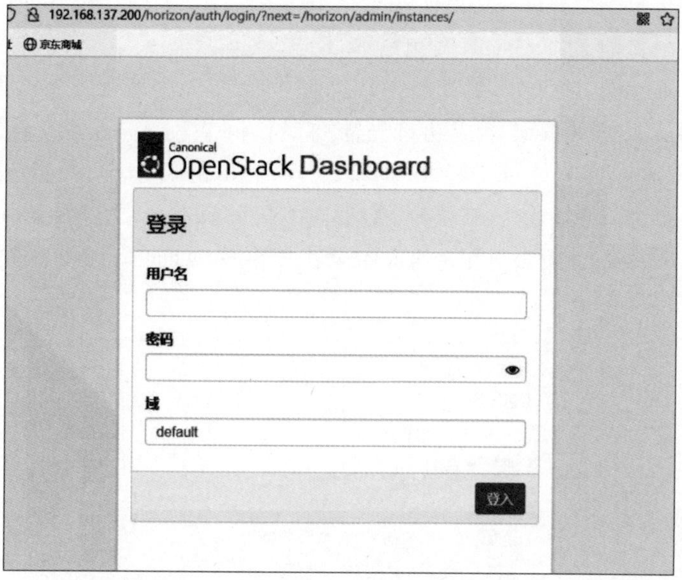

图 16.12　OpenStack Dashboard 登录界面

输入账号密码。打开 OpenStack 所在虚拟机的 home 目录，可以看到系统已经自动生成了两个文件 keystonerc_admin 和 keystonerc_demo，这两个文件里面分别是 admin 和 demo 两个 OpenStack 用户的相关信息，在这里可以查看两个用户的密码，如图 16.13 所示。

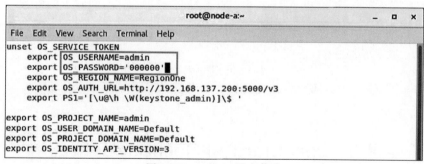

图 16.13　admin 用户信息

进入 OpenStack 界面后可以看到 OpenStack 管理的资源：虚拟机、用户、网络等信息。

5. OpenDayLight 的安装

OpenDayLight 的安装请参考 10.3.4 节，在此不再赘述。

6. 常见问题

子项目 1 常见问题如下。

（1）虚拟机的网卡 ens33 在创建的时候就具有 IP 地址，是否需要设置静态地址？

答：不需要。由于安装 OpenStack 所需要的内存较大，所以作者的实践在服务器上进行，VMware 不会自动给虚拟机分配地址，所以需要设置。Ubuntu 系统的虚拟机是可以自动获得 IP 地址的，但 CentOS 7 则会存在连不上网络的问题，这时候更改网络设置的时候需要将该虚拟机的 IP 地址和 Ubuntu 的地址配置在同一子网中,确保网络的连通性。

(2) 是不是一定需要在 CentOS 7 上安装 OpenStack?

答:不是。但是由于 OpenStack 现在是由 packstack 一键安装,OpenStack 本身是一个很大的文件,所以在其他系统安装时会出现各类问题。

(3) OpenStack 安装不成功,或者在安装进程中一直卡在某一步怎么办?

解决方案:OpenStack 安装不成功首先需要确认网络配置,另外查看内存是否够大,再查看虚拟机处理器的设置中是否开启了如图 16.14 所示的两个虚拟化引擎,检查完毕后再重新尝试,可以多尝试几次。作者在尝试两次之后安装成功。若 OpenStack 在安装的时候一直卡在某一步,那么不用担心,OpenStack 安装是需要时间的,这个时间是由网络速度决定的,一般安装时间都为 1~2h。

图 16.14 OpenStack 虚拟机开启虚拟化

(4) OpenDayLight 安装 feature 时不存在怎么办?

解决方案:作者使用的 OpenDayLight 版本是 0.3.3 版本,不同版本的部分 feature 名称不同,读者可根据不同的版本自行更改。

(5) 是否可以使用命令行登录 OpenStack?

答:可以。在命令行中进入 home 目录,使用 source ./admin-openrc.sh 以 admin 进入 OpenStack 并输入密码,进入成功后并不会提示已经进入了 OpenStack,可以使用 OpenStack 的一些命令自行验证。

16.2 子项目 2:OpenStack 和 OpenDayLight 对接的实现

16.2.1 项目目的

实现 OpenStack 和 OpenDayLight 的对接,初步实现云网一体化。

16.2.2 项目原理

OpenStack 和 OpenDayLight 的对接架构如图 16.15 所示,在云平台 OpenStack 结点上,Neutron 模块负责管理网络,Neutron 中的 ML2 是一个二层驱动插件框架,在 ML2 框架中安装 OpenDayLight 的插件,即 networking-odl。在 SDN 控制平台 ODL 结点上,OpenDayLight 为 Neutron 提供了北向接口。Neutron 直接调用 ODL 的北向接口实现对接。OpenDayLight 利用南向接口 OpenFlow 或 OVSDB 控制计算结点或网络结点。

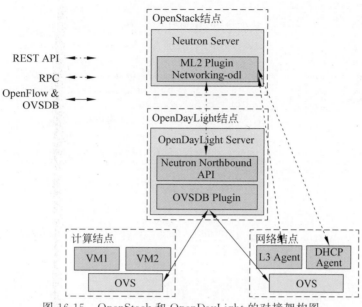

图 16.15 OpenStack 和 OpenDayLight 的对接架构图

16.2.3 项目任务

实现 OpenStack 和 OpenDayLight 的对接。

16.2.4 项目步骤

1. 清理 OpenStack 的网络资源

进行 OpenStack 和 OpenDayLight 对接前,需清理 OpenStack 环境,包括清除 OpenStack 网络资源和 OVS 网桥。

本节完成网络资源的清除。注意,要先删除端口,删除子网,再删除路由器和网络。

步骤 1:删除端口。先查看交换机,再查看交换机的端口,然后删除端口,如图 16.16~图 16.18 所示。

```
neutron router-list                            //查看网络中的交换机
neutron router-port-list router1               //查看 route1 的端口
neutron router-interface-delete router1  a2375fae-cfdc-445b-bb99-a25b965c2e34
                                               //删除 router1 和 private 子网之间的端口
```

```
[root@node-a ~]# neutron router-list
neutron CLI is deprecated and will be removed in the future. Use openstack CLI instead.
+--------------------------------------+---------+----------------------------------+------------------------------------------------------------------------------------------------------------------------------------------------------------------------------------+-------+----+
| id                                   | name    | tenant_id                        | external_gateway_info                                                                                                                                                        | distributed | ha |
+--------------------------------------+---------+----------------------------------+------------------------------------------------------------------------------------------------------------------------------------------------------------------------------------+-------+----+
| aa8fb50a-3f54-4178-8cab-b1b81b5d5c35 | router1 | d4774b3bc9404b3baaad0c9f7fd5e6c3 | {"network_id": "e5109c62-b54d-41e2-ab10-fd739087dea7", "enable_snat": true, "external_fixed_ips": [{"subnet_id": "a08a5dfb-8da6-4aed-96b5-4724240ffdb1", "ip_address": "172.24.4.2"}]} | False |    |
+--------------------------------------+---------+----------------------------------+------------------------------------------------------------------------------------------------------------------------------------------------------------------------------------+-------+----+
```

图 16.16 查看 OpenStack 的交换机

```
[root@node-a ~]# neutron router-port-list router1
neutron CLI is deprecated and will be removed in the future. Use openstack CLI instead.
+--------------------------------------+------+----------------------------------+-------------------+-------------------------------------------------------------------------------+
| id                                   | name | tenant_id                        | mac_address       | fixed_ips                                                                     |
+--------------------------------------+------+----------------------------------+-------------------+-------------------------------------------------------------------------------+
| bb376448-fa2c-484f-8df8-3d6000d82b93 |      | d4774b3bc9404b3baaad0c9f7fd5e6c3 | fa:16:3e:b1:96:ad | {"subnet_id": "a2375fae-cfdc-445b-bb99-a25b965c2e34", "ip_address": "10.0.0.1"} |
| c980b0cb-35a1-45d4-91d4-17c21b83c4de |      |                                  | fa:16:3e:9e:48:2c | {"subnet_id": "a08a5dfb-8da6-4aed-96b5-4724240ffdb1", "ip_address": "172.24.4.2"} |
+--------------------------------------+------+----------------------------------+-------------------+-------------------------------------------------------------------------------+
```

图 16.17 查看 OpenStack 中交换机的端口

```
[root@node-a ~]# neutron router-interface-delete router1  a2375fae-cfdc-445b-bb99-a25b965c2e34
neutron CLI is deprecated and will be removed in the future. Use openstack CLI instead.
Removed interface from router router1.
```

图 16.18 删除端口

步骤 2：删除子网。

用 neutron subnet-list 命令查看子网，如图 16.19 所示，看到存在两个子网分别为 public_subnet 和 private_subnet。

```
neutron subnet-list                     //查看子网
```

```
[root@node-a ~]# neutron subnet-list
neutron CLI is deprecated and will be removed in the future. Use openstack CLI instead.
+--------------------------------------+----------------+----------------------------------+-------------+-------------------------------------------+
| id                                   | name           | tenant_id                        | cidr        | allocation_pools                          |
+--------------------------------------+----------------+----------------------------------+-------------+-------------------------------------------+
| a08a5dfb-8da6-4aed-96b5-4724240ffdb1 | public_subnet  | f22d39021504458dbd46192382262cff | 172.24.4.0/24 | {"start": "172.24.4.2", "end": "172.24.4.254"} |
| a2375fae-cfdc-445b-bb99-a25b965c2e34 | private_subnet | d4774b3bc9404b3baaad0c9f7fd5e6c3 | 10.0.0.0/24 | {"start": "10.0.0.2", "end": "10.0.0.254"} |
+--------------------------------------+----------------+----------------------------------+-------------+-------------------------------------------+
```

图 16.19 OpenStack 中的子网

用以下命令删除对应子网，如图 16.20 所示。

```
neutron subnet-delete a2375fae-cfdc-445b-bb99-a25b965c2e34 删除private子网
```

```
[root@node-a ~]# neutron subnet-delete a2375fae-cfdc-445b-bb99-a25b965c2e34
neutron CLI is deprecated and will be removed in the future. Use openstack CLI instead.
Deleted subnet(s): a2375fae-cfdc-445b-bb99-a25b965c2e34
```

图 16.20 删除子网

步骤 3：删除网络。

在成功删除子网之后，就可以删除路由器和主网络，如图 16.21 所示。

```
neutron router-delete router1
neutron net-delete    6563189e-65e4-4532-943e-706a6e8650be
```

```
[root@node-a ~]# neutron net-delete  6563189e-65e4-4532-943e-706a6e8650be
neutron CLI is deprecated and will be removed in the future. Use openstack CLI instead.
Deleted network(s): 6563189e-65e4-4532-943e-706a6e8650be
[root@node-a ~]# neutron router-delete router1
neutron CLI is deprecated and will be removed in the future. Use openstack CLI instead.
Deleted router(s): router1
```

图 16.21 删除网络和路由器

以上操作删除了 private 网络资源，同理删除 public 网络的资源。完成后可以用命令 neutron port-list router1 检查是否还存在端口，确认已经清理完 OpenStack 的 Neutron 中的网络资源。

2. 清理 Open vSwitch 产生的网桥

安装 OpenStack 时会自动安装 Open vSwitch，使用命令 ovs-vsctl show 可以查看 OvS 产生的网桥，在对接之前，需要将所有网桥清理干净。

步骤 1：关闭 Neutron 的相关服务，如图 16.22 所示。

```
systemctl stop neutron-server
systemctl stop neutron-openvswitch-agent
systemctl disable neutron-openvswitch-agent
```

```
[root@localhost ~]# systemctl stop neutron-server.service
[root@localhost ~]# systemctl stop neutron-openvswitch-agent.service
[root@localhost ~]# systemctl disable neutron-openvswitch-agent.service
Removed symlink /etc/systemd/system/multi-user.target.wants/neutron-openvswitch-agent.service.
[root@localhost ~]# 
```

图 16.22　关闭 Neutron 服务

步骤 2：关闭 OvS，删除 OvS 的部分文件，重启 OvS。

```
systemctl stop openvswitch
rm -rf /var/log/openvswitch/*
rm -rf /etc/openvswitch/conf.db
systemctl start openvswitch
ovs-vsctl show
```

用命令 ovs-vsctl show 查看网桥信息，确认 OvS 的网桥资源已经被清理干净，如图 16.23 所示。

```
[root@node-a ~]# systemctl stop openvswitch.service
[root@node-a ~]# rm -rf /var/log/openvswitch/*
[root@node-a ~]# rm -rf /etc/openvswitch/conf.db
[root@node-a ~]# systemctl start openvswitch.service
[root@node-a ~]# ovs-vsctl show
191b5d4f-ce30-4743-aae0-fba0e091c539
    ovs_version: "2.11.0"
```

图 16.23　删除 OvS 的网桥

3. 将 OpenStack 的 OvS 控制权交给 OpenDayLight 控制器

使用如下命令，将 OpenStack 的 OvS 控制权交给 OpenDayLight 控制器。

```
ovs-vsctl set-manager tcp:192.168.137.199:6640
ovs-vsctl show
```

注意，若用 ovs-vsctl show 查看不到交换机 br-int，则需手动添加；否则后续 Neutron 重启后与 ODL 的连接会出现问题，如图 16.24 所示。

```
ovs-vsctl add-br br-int
```

```
[root@node-a ~]# ovs-vsctl set-manager tcp:192.168.137.199:6640
[root@node-a ~]# ovs-vsctl show
191b5d4f-ce30-4743-aae0-fba0e091c539
    Manager "tcp:192.168.137.199:6640"
    ovs_version: "2.11.0"
[root@node-a ~]# ovs-vsctl add-br br-int
[root@node-a ~]# ovs-vsctl show
191b5d4f-ce30-4743-aae0-fba0e091c539
    Manager "tcp:192.168.137.199:6640"
    Bridge br-int
        Port br-int
            Interface br-int
                type: internal
    ovs_version: "2.11.0"
[root@node-a ~]#
```

图 16.24 查看 OvS 由 ODL 接管

4. 更新 Neutron 的 ML2 框架

Neutron 的 ML2 文件是 OpenStack 中支持与 ODL 对接的驱动，在此需要更新。

```
sudo vi /etc/neutron/plugins/ml2/ml2_conf.ini
```

进入 ml2_conf.ini 文件，将 mechanism_drivers 改为 opendaylight_v2，并添加如图 16.25 所示的信息后保存。

```
# An ordered list of networking mechanism driver entrypoints to be loaded from
# the neutron.ml2.mechanism_drivers namespace. (list value)
#mechanism_drivers =
mechanism_drivers=opendaylight_v2
[ml2_odl]
password = admin
username = admin
url = http://192.168.137.199:8080/controller/nb/v2/neutron
```

图 16.25 配置 Neutron 的 ML2 文件

5. 重置 Neutron 数据库

步骤 1：重置 Neutron 数据库，如图 16.26 所示。

```
mysql -u root -p                              //输入密码进入数据库
DROP DATABASE Neutron;
CREATE DATABASE Neutron;
GRANT ALL PRIVILEGES ON Neutron.* TO 'Neutron'@'localhost' IDENTIFIED BY
'Neutron_DBPASS';
GRANT ALL PRIVILEGES ON Neutron.* TO 'Neutron'@'%' IDENTIFIED BY 'Neutron_
DBPASS';                                      //重置 Neutron 数据库并设置权限
```

步骤 2：更新数据库，如图 16.27 所示。完成之后会提示"OK"。至此完成了 OpenStack 中数据库的操作。

```
rm -rf /etc/neutron/plugin.ini
ln -s /etc/neutron/plugins/ml2/ml2_conf.ini /etc/neutron/plugin.ini
su -s /bin/sh -c "neutron-db-manage --config-file /etc/neutron/neutron.conf -
-config-file /etc/neutron/plugins/ml2/ml2_conf.ini upgrade head" neutron
```

6. 安装 networking_odl 插件

ODL 现在已经不需要在 ML2 文件下放入一个 Python 脚本，目前创建了一个专门的项目叫作 networking-odl，安装后改一下配置即可。在最新的 Neutron 代码中，原来的

```
[root@node-a ~]# mysql -uroot -p
Enter password:
Welcome to the MariaDB monitor.  Commands end with ; or \g.
Your MariaDB connection id is 2
Server version: 10.1.20-MariaDB MariaDB Server

Copyright (c) 2000, 2016, Oracle, MariaDB Corporation Ab and others.

Type 'help;' or '\h' for help. Type '\c' to clear the current input statement.

MariaDB [(none)]> DROP DATABASE neutron;
Query OK, 166 rows affected (0.67 sec)

MariaDB [(none)]> CREATE DATABASE neutron;
Query OK, 1 row affected (0.00 sec)

MariaDB [(none)]> GRANT ALL PRIVILEGES ON neutron.* TO 'neutron'@'node-a' IDENTI
FIED BY '123';
Query OK, 0 rows affected (0.00 sec)

MariaDB [(none)]> GRANT ALL PRIVILEGES ON neutron.* TO 'neutron'@'%' IDENTIFIED
BY '123';
Query OK, 0 rows affected (0.00 sec)

MariaDB [(none)]> exit
Bye
```

图 16.26　重置 Neutron 数据库

```
[root@node-a ~]# rm -rf /etc/neutron/plugin.ini
[root@node-a ~]# ln -s /etc/neutron/plugins/ml2/ml2_conf.ini /etc/neutron/plugin.ini
[root@node-a ~]# su -s /bin/sh -c "neutron-db-manage --config-file /etc/neutron/neutron.conf --config-file /etc/neutron/plugins/ml2/ml2_conf
.ini upgrade head" neutron
INFO  [alembic.runtime.migration] Context impl MySQLImpl.
INFO  [alembic.runtime.migration] Will assume non-transactional DDL.
  Running upgrade for neutron ...
INFO  [alembic.runtime.migration] Context impl MySQLImpl.
INFO  [alembic.runtime.migration] Will assume non-transactional DDL.
```

图 16.27　更新 Neutron 数据库

OpenDayLight 和其他一些 SDN Plugin，已经开始从项目中移除，统一命名为诸如 networking-xxxx 之类的独立项目。安装方法有以下两种。

方法一：

```
yum install python-pip -y
sudo pip install networking-odl
```

方法二：

```
git clone https://github.com/OpenStack/networking-odl -b stable/mitaka
cd networking-odl/
python setup.py install
```

安装成功后如图 16.28 所示，重新启动 Neutron 服务，启动成功，则表示对接完成。

```
systemctl start neutron-server
```

```
byte-compiling /usr/lib/python2.7/site-packages/networking_odl/tests/unit/lbaas/test_lbaas_odl_v1.py to test_lbaas_odl_v1.pyc
byte-compiling /usr/lib/python2.7/site-packages/networking_odl/tests/unit/lbaas/test_lbaas_odl_v2.py to test_lbaas_odl_v2.pyc
byte-compiling /usr/lib/python2.7/site-packages/networking_odl/tests/unit/ml2/test_driver.py to test_driver.pyc
byte-compiling /usr/lib/python2.7/site-packages/networking_odl/tests/unit/ml2/test_legacy_port_binding.py to test_legacy_port_binding.pyc
byte-compiling /usr/lib/python2.7/site-packages/networking_odl/tests/unit/ml2/test_mechanism_odl.py to test_mechanism_odl.pyc
byte-compiling /usr/lib/python2.7/site-packages/networking_odl/tests/unit/ml2/test_mechanism_odl_v2.py to test_mechanism_odl_v2.pyc
byte-compiling /usr/lib/python2.7/site-packages/networking_odl/tests/unit/ml2/test_networking_topology.py to test_networking_topology.pyc
byte-compiling /usr/lib/python2.7/site-packages/networking_odl/tests/unit/ml2/test_ovsdb_topology.py to test_ovsdb_topology.pyc
byte-compiling /usr/lib/python2.7/site-packages/networking_odl/tests/unit/ml2/test_port_binding.py to test_port_binding.pyc
running install_data
creating /usr/etc/neutron
copying etc/neutron/plugins/ml2/ml2_conf_odl.ini -> /usr/etc/neutron
running install_egg_info
Copying networking_odl.egg-info to /usr/lib/python2.7/site-packages/networking_odl-2.0.1.dev1-py2.7.egg-info
running install_scripts
[root@node-a networking-odl]# systemctl start neutron-server
```

图 16.28　成功安装 networking-odl 插件

7. 常见问题

子项目 2 常见问题如下。

(1) 无法删除网络怎么办？

解决方案：OpenStack 中的 Neutron 是其网络服务，具有非常繁杂的网络流程，在删除网络的时候需要遵循端口-子网-路由器-主网络这样的顺序才能够删除，并且有些网络直接连接路由器，这时就需要通过先删除路由器才可以删除网络。

(2) 登录数据库失败怎么办？

解决方案：本文使用的是 CentOS 7 的 Linux 系统，其中，CentOS 7 已经不支持开源的 MySQL，所以在 CentOS 7 中使用的是 Mariadb，也是开源的数据库，如果不知数据库密码则需要进行如下操作。

步骤 1：编辑配置文件，在 server.cnf 文件中的[mysqld]下加入一句 skip-grant-tables。

```
vim /etc/my.cnf.d/server.cnf
```

步骤 2：重启数据库。

```
systemctl restart mariadb
```

步骤 3：登录数据库，提示输入密码，直接回车即可进入。

```
mysql -uroot -p
```

步骤 4：修改用户名和密码，配置成用户需要的用户名和密码。

```
use mysql;
update user set password=password('***') where user='用户名';
```

步骤 5：退出数据库，重启数据库并验证新密码能否登录。

步骤 6：退出数据库，修改配置文件，将 mysqld 下的 skip-grant-tables 注释或删除。

步骤 7：再次重启数据库，让修改的配置生效。

(3) 在 16.2.4 节重置数据库并且使用 su -s /bin/sh -c "neutron-db-manage --config-file /etc/neutron/neutron.conf --config-file /etc/neutron/plugins/ML2/ML2_conf.ini upgrade head" neutron 命令后显示没有权限进入数据库怎么办？

解决方案：在数据库中给 neutron 这个用户名设置权限时需要使用到 neutron 的数据库密码，改密码可以使用如下命令。

```
vim /etc/neutron/neutron.conf
```

进入 neutron.conf 文件后需要找到数据库，如图 16.29 所示的 000000 即为作者的虚拟机中 Neutron 数据库的密码，可以自行修改。

(4) 在虚拟机中下载 odl-networking 文件时，出现下载不了或者连接不了网络的问题怎么办？

解决方案：在虚拟机中进行操作时会出现这些情况，因为前面的一些操作或多或少会

```
[database]
#
# From neutron.db
#

# Database engine for which script will be generated when using offline
# migration. (string value)
#engine =

#
# From oslo.db
#

# If True, SQLite uses synchronous mode. (boolean value)
#sqlite_synchronous = true

# The back end to use for the database. (string value)
# Deprecated group/name - [DEFAULT]/db_backend
#backend = sqlalchemy

# The SQLAlchemy connection string to use to connect to the database. (string
# value)
# Deprecated group/name - [DEFAULT]/sql_connection
# Deprecated group/name - [DATABASE]/sql_connection
# Deprecated group/name - [sql]/connection
#connection = <None>
connection=mysql+pymysql://neutron:000000@192.168.137.200/neutron
```

图 16.29 Neutron.conf 中和数据库相关信息

影响到网络问题，可以提前下载好 networking-odl 文件，或者直接通过浏览器进入 https://github.com/OpenStack/networking-odl 网站去下载该文件后再进行安装。

16.3 子项目3：云网一体化测试

16.3.1 项目目的

OpenStack 与 OpenDayLight 实现对接后，进行云网一体化测试，测试两者是否实现联动。

16.3.2 项目原理

测试方案如图 16.30 所示。实现了 OpenStack 与 OpenDayLight 的对接后，通过双方的网络数据库是否一致来测试对接是否成功。

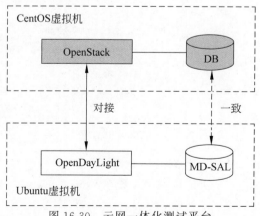

图 16.30 云网一体化测试平台

16.3.3 项目任务

完成以下三方面测试。

（1）当在 OpenStack 中增加虚拟机实例时，OpenDayLight 能保持联动，在 OpenDayLight 中可以看见增加的虚拟机结点，验证了 OpenStack 侧和 OpenDayLight 侧的虚拟机数据的一致性。

（2）分别在 OpenStack 侧和 OpenDayLight 侧查看网络信息，验证网络数据的一致性。

（3）查看 OpenStack 的网络代理是否已经添加了 odl L2，若已添加则说明现在 OpenStack 的网络已由 ODL 接管，从而可以证明 OpenStack 和 OpenDayLight 对接成功，实现了云网一体化。

16.3.4 项目步骤

在本章中将通过在已经完成配置的 OpenStack 中通过 OpenDayLight 的网络部署以及 OpenDayLight 的图形化界面去验证 OpenStack 和 OpenDayLight 成功实现云网一体化。

1. 交换机和虚拟机的数据一致性测试

步骤 1：在 OpenDayLight 中查看虚拟机。

在 OpenStack 中进行 Neutron 重启后，打开 OpenDayLight 界面可以查看到该结点下的虚拟机，如图 16.31 所示，可以看到有一台交换机 br-int，有两台虚拟机。

Node Connector Id	Name	Port Number	Mac Address
openflow:184870982513289:LOCAL	br-int	4294967294	a8:23:a1:3d:f2:89
openflow:184870982513289:12	tapc87c5439-f5	12	fe:16:3e:c9:27:06
openflow:184870982513289:11	tapccc321a6-61	11	fe:16:3e:8e:34:84

图 16.31　OpenDayLight 中查看结点信息

步骤 2：对比查看 OpenStack 中的虚拟机实例信息。

如图 16.32 所示，在 OpenStack 中查看虚拟机，包含两个虚拟机实例。与图 16.31 中的两台虚拟机一致。

	Instance Name	Image Name	IP Address	Flavor	Key Pair	Status	Availability Zone	Task	Power State	Age	Actions
□	test		192.168.1.218	test	-	运行	nova	无	运行中	0 分钟	创建快照 ▼
□	test		192.168.1.213	test	-	运行	nova	无	运行中	5 分钟	创建快照 ▼

图 16.32　OpenStack 中的虚拟机实例

步骤 3：在 OpenStack 中添加虚拟机。

接下来在 OpenStack 中新创建虚拟机，看在 OpenDayLight 虚拟机中能否同步看到 OpenStack 中新创建的虚拟机。在 OpenStack 中，选择源、实例、网络后单击"创建实例"按钮，如图 16.33 所示。

第16章 云网一体化实战

图 16.33　在 OpenStack 中创建虚拟机实例

创建虚拟机实例完成后，在 OpenStack 侧可以查看虚拟机，如图 16.34 所示，可以看到现在的虚拟机数量变为 3 台。

Instance Name	Image Name	IP Address	Flavor	Key Pair	Status	Availability Zone	Task	Power State	Age	Actions
test1		192.168.1.227	test	-	运行	nova	无	运行中	0 分钟	创建快照
test		192.168.1.218	test	-	运行	nova	无	运行中	1 分钟	创建快照
test		192.168.1.213	test	-	运行	nova	无	运行中	7 分钟	创建快照

图 16.34　OpenStack 侧查看虚拟机

步骤 4：对比查看 OpenDayLight 显示的虚拟机。

在 OpenDayLight 侧查看网络数据，如图 16.35 所示，与图 16.34 对比发现，在 OpenStack 中添加一台虚拟机后，OpenDayLight 实现了联动，保持了虚拟机信息的一致性。

Node Connector Id	Name	Port Number	Mac Address
openflow:184870982513289:LOCAL	br-int	4294967294	a8:23:a1:3d:f2:89
openflow:184870982513289:12	tapc87c5439-f5	12	fe:16:3e:c9:27:06
openflow:184870982513289:13	tap7c0041fb-f1	13	fe:16:3e:53:95:36
openflow:184870982513289:11	tapccc321a6-61	11	fe:16:3e:8e:34:84

图 16.35　OpenDayLight 侧查看虚拟机

2．网络的数据一致性测试

为了验证云网一体化，本节验证 OpenStack 中的网络信息与 OpenDayLight 中的网络信息的一致性。在 16.3.4 节中通过 OpenStack 添加了一台虚拟机，通过 OpenDayLight 查看,目前整个网络由一台交换机和三台虚拟机组成。

分别在 OpenDayLight 侧和 OpenStack 侧查看网络,验证网络数据的一致性。现在在 OpenDayLight 中查看网络,在 OpenDayLight 虚拟机中打开命令行界面,输入以下命令。

```
curl -u admin:admin http://OpenDayLight 地址:8080/controller/nb/v2/neutron/networks
```

在 OpenDayLight 中会反馈网络信息,如图 16.36 所示。

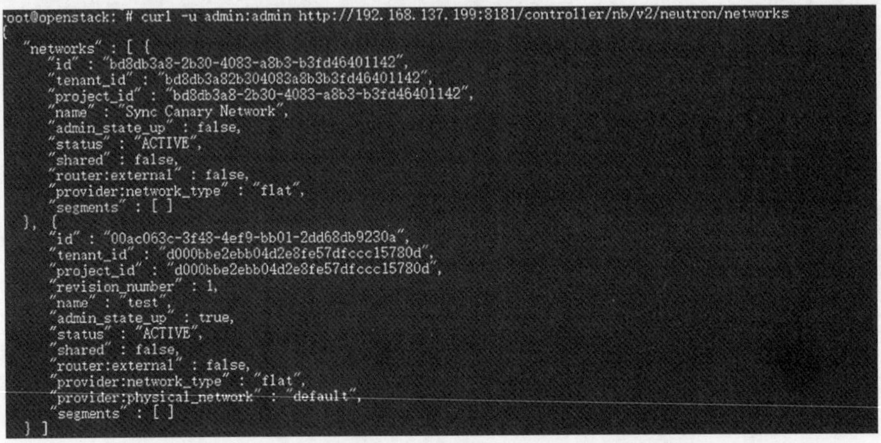

图 16.36 OpenDayLight 侧使用 curl 查看网络信息

可以在图中查看到存在两个网络,上面的网络是 OpenStack 中本身已经存在的网络,下面这个网络就是用户创建的网络。

为了验证网络数据的一致性,再到 OpenStack 侧的 Dashboard 界面中查看网络拓扑,可以看到 test 网络的信息,如图 16.37 所示。对比图 16.36 的网络信息和图 16.37 的网络信息,发现 OpenStack 侧和 OpenDayLight 侧的用户网络信息完全一致。

图 16.37 OpenStack 侧查看用户网络信息

3. 查看 OpenStack 中的 ODL 代理

最后可以查看 OpenStack 侧是否添加了 ODL 代理来验证对接是否成功。找到 OpenStack 中的系统信息,查看网络代理,可以看到 OpenStack 中的网络代理中存在 OpenDayLight,即图 16.38 中的 neutron-odlagent-portbinding。

至此,本子项目从三个角度测试了 OpenStack 和 OpenDayLight 对接成功。首先,当在

第16章 云网一体化实战

Type	Name	Host	Zone	Status	State	Last Updated	Actions
DHCP agent	neutron-dhcp-agent	controller	nova	激活	启动	0分钟	
ODL L2	neutron-odlagent-portbinding	controller	-	激活	启动	0分钟	
Metadata agent	neutron-metadata-agent	controller	-	激活	启动	0分钟	

图 16.38 OpenStack 中的网络代理

OpenStack 中增加虚拟机实例时,在 OpenDayLight 中可以看见结点的增加,验证了 OpenStack 侧和 OpenDayLight 侧的虚拟机数据的一致性。然后,分别在 OpenStack 侧和 OpenDayLight 侧查看网络信息,验证了用户网络数据的一致性。最后,查看 OpenStack 的网络代理已经添加了 ODL L2,说明现在 OpenStack 的网络已由 ODL 接管。上述实验可以表明,OpenStack 和 OpenDayLight 对接成功,实现了云网一体化。

习题

一、单选题

1. 下列哪种场景没有涉及云计算应用?(　　)
   A. 用百度云盘存储照片、电影等
   B. 用迅雷下载电影种子观看
   C. 用有道云笔记学英语单词
   D. 用网易云音乐收藏喜爱的歌曲
2. OpenStack 中负责计算服务和网络服务的组件分别是(　　)。
   A. Nova,Swift　　　　　　　　　　B. Nova,Neutron
   C. Celimeter,Swift　　　　　　　　D. Celimeter,Neutron
3. 在 OpenStack 解决方案中,负载提供持久化块存储的模块是哪一个?(　　)
   A. Swift　　　　B. Glance　　　　C. Nova　　　　D. Cinder

二、多选题

1. 以下描述中能体现虚拟化优势的是(　　)。
   A. 使用虚拟化后,一台物理主机上可以同时运行多个虚拟机
   B. 使用虚拟化后,一台物理主机的 CPU 利用率可以稳定在 65% 左右
   C. 使用虚拟化后,虚拟机可以在多台主机间进行迁移
   D. 使用虚拟化后,一台物理主机的操作系统上可以同时运行多个应用程序
2. 以下关于虚拟化和云计算关系描述正确的是(　　)。
   A. 没有云计算,虚拟化就没有存在的价值

B. 虚拟化是一种技术,云计算是一种服务模式,虚拟化推动了云计算的发展
C. 没有虚拟化,云计算就没有存在的价值
D. 虚拟化是实现云计算的重要技术之一
3. 虚拟化分为以下哪些方面的虚拟化?(　　)
  A. 计算虚拟化   B. 存储虚拟化
  C. 网络虚拟化   D. 平台虚拟化

附录 A 园区网架构与实践

1. 概述

园区网络就是我们在工作与生活的园区内使用的网络。园区网络一直处在网络的战略核心位置。园区包括工厂、政府机关、商场、写字楼、校园、公园等,可以说,在一个城市中,除了马路和家庭住所之外,都是园区。

本次实践以园区网络数字化转型为切入点,以架构一个大中型企业园区网络为主轴,通过学习关键技术,逐步动手进行架构与实践。实践平台采用华为的 eNSP,实践的关键技术包含交换技术和路由技术,具体包括交换机基础配置、虚拟局域网(VLAN)、静态路由、动态路由协议(OSPF)、访问控制列表(ACL)、网络地址转换(NAT)。

2. 三层架构园区网

图 A.1 是某大型企业园区网络的组网图。由于网络规模和用户数量较大,采用经典的三层架构:核心层、汇聚层和接入层。接入层采用二层交换机,汇聚层采用三层交换机,核心层采用高性能的三层交换机。出口区配置路由器和防火墙。

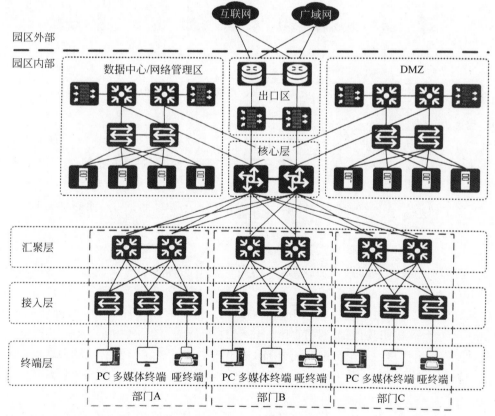

注:DMZ即Demilitarized Zone,非军事区,业界也称为半信任区。

图 A.1 大型企业园区组网示意图

为了提升网络可靠性,核心层设备部署集群、汇聚层设备部署堆叠,对于接入层设备,可根据网络可靠性和端口数量需求选择是否部署堆叠。

3. 实践组网

由于本次实践采用 eNSP 实现,受限于实践环境,将以上组网图适当简化,如图 A.2 所示。

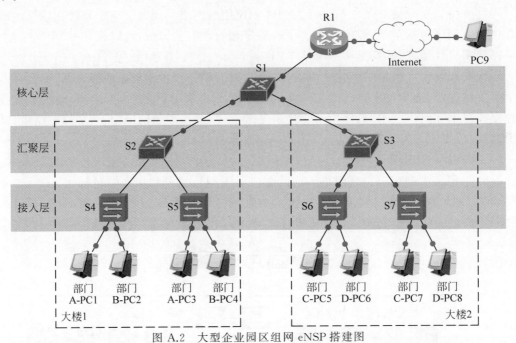

图 A.2 大型企业园区组网 eNSP 搭建图

4. 实践功能要求

(1) 如图搭建大型企业园区网三层架构拓扑,进行合理的 IP 地址规划。要求企业内 IP 地址全部采用内网私有地址,每个部门形成一个子网。要求通过 IP 地址容易辨识所属分公司。

(2) 整个网络用 VLAN 隔离,各部门之间、各分公司之间通信,通过 VLAN 间路由解决。

(3) 在整个内部网络中使用动态路由协议。

(4) 内部网络使用动态路由协议后,内网用户并不能访问外网,想办法让内网所有用户能访问 Internet。

(5) 请禁止大楼 1 的部门 A 访问 Internet,禁止大楼 1 的部门 B 在工作时间(9:00-17:00)访问 Internet,允许集团其他部门访问 Internet。

(6) 内部网络用户均使用内网私有地址,集团只申请了 100 个公网地址:210.96.100.1~100/24,请想办法让内网的用户能用公网地址访问 Internet。(ISP 地址为 210.96.100.101。)

(7) 希望网络建成后,各路由器和三层交换机能支持远程 Telnet 管理。

(8) 设计合理的方式进行全网验证测试。

5. 实践建议步骤

(1) IP 规划、VLAN 规划、路由规划、其他技术规划。给出方案设计图,图中标示接口名称、IP 信息和 VLAN 信息。

（2）熟悉各技术细节以及华为配置命令。

（3）配置与调试。

（4）给出技术白皮书，包含各技术步骤，各设备的核心配置命令，各技术步骤必要的验证测试。

6. 实践提交材料要求

（1）技术白皮书，包括方案设计图，图中标示接口名称、IP 信息和 VLAN 信息。

（2）核心步骤，包括各设备的核心配置命令，各技术步骤必要的验证测试。

（3）附录，包括各交换机和路由器的配置文件，高亮显示完成实践功能要求的核心配置命令。

7. 实验操作参考

基于上述分析，本园区网络的配置信息如图 A.3 所示。

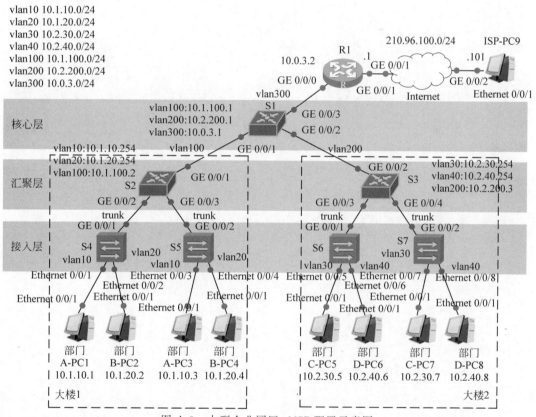

图 A.3　大型企业园区 eNSP 配置示意图

1) 交换机 S4 配置文件

```
<S4>dis cur
#
sysname S4
#
```

```
vlan batch 10 20
#
cluster enable
ntdp enable
ndp enable
#
drop illegal-mac alarm
#
diffserv domain default
#
drop-profile default
#
aaa
 authentication-scheme default
 authorization-scheme default
 accounting-scheme default
 domain default
 domain default_admin
 local-user admin password simple admin
 local-user admin service-type http
#
interface Vlanif1
#
interface MEth0/0/1
#
interface Ethernet0/0/1
 port link-type access
 port default vlan 10
#
interface Ethernet0/0/2
 port link-type access
 port default vlan 20
#
interface Ethernet0/0/3
#
interface Ethernet0/0/4
#
interface Ethernet0/0/5
#
interface Ethernet0/0/6
#
interface Ethernet0/0/7
#
interface Ethernet0/0/8
#
interface Ethernet0/0/9
#
interface Ethernet0/0/10
#
```

```
interface Ethernet0/0/11
#
interface Ethernet0/0/12
#
interface Ethernet0/0/13
#
interface Ethernet0/0/14
#
interface Ethernet0/0/15
#
interface Ethernet0/0/16
#
interface Ethernet0/0/17
#
interface Ethernet0/0/18
#
interface Ethernet0/0/19
#
interface Ethernet0/0/20
#
interface Ethernet0/0/21
#
interface Ethernet0/0/22
#
interface GigabitEthernet0/0/1
 port link-type trunk
 port trunk allow-pass vlan 2 to 4094
#
interface GigabitEthernet0/0/2
#
interface NULL0
#
user-interface con 0
user-interface vty 0 4
#
return
<S4>
```

2）交换机 S5 配置文件

```
<S5>dis cur
#
sysname S5
#
vlan batch 10 20
#
cluster enable
ntdp enable
ndp enable
```

```
#
drop illegal-mac alarm
#
diffserv domain default
#
drop-profile default
#
aaa
 authentication-scheme default
 authorization-scheme default
 accounting-scheme default
 domain default
 domain default_admin
 local-user admin password simple admin
 local-user admin service-type http
#
interface Vlanif1
#
interface MEth0/0/1
#
interface Ethernet0/0/1
#
interface Ethernet0/0/2
#
interface Ethernet0/0/3
 port link-type access
 port default vlan 10
#
interface Ethernet0/0/4
 port link-type access
 port default vlan 20
#
interface Ethernet0/0/5
#
interface Ethernet0/0/6
#
interface Ethernet0/0/7
#
interface Ethernet0/0/8
#
interface Ethernet0/0/9
#
interface Ethernet0/0/10
#
interface Ethernet0/0/11
#
interface Ethernet0/0/12
#
interface Ethernet0/0/13
```

```
#
interface Ethernet0/0/14
#
interface Ethernet0/0/15
#
interface Ethernet0/0/16
#
interface Ethernet0/0/17
#
interface Ethernet0/0/18
#
interface Ethernet0/0/19
#
interface Ethernet0/0/20
#
interface Ethernet0/0/21
#
interface Ethernet0/0/22
#
interface GigabitEthernet0/0/1
#
interface GigabitEthernet0/0/2
 port link-type trunk
 port trunk allow-pass vlan 2 to 4094
#
interface NULL0
#
user-interface con 0
user-interface vty 0 4
#
return
<S5>
```

3）交换机 S6 配置文件

```
<S6>dis cur
#
sysname S6
#
vlan batch 30 40
#
cluster enable
ntdp enable
ndp enable
#
drop illegal-mac alarm
#
diffserv domain default
#
```

```
drop-profile default
#
aaa
 authentication-scheme default
 authorization-scheme default
 accounting-scheme default
 domain default
 domain default_admin
 local-user admin password simple admin
 local-user admin service-type http
#
interface Vlanif1
#
interface MEth0/0/1
#
interface Ethernet0/0/1
#
interface Ethernet0/0/2
#
interface Ethernet0/0/3
#
interface Ethernet0/0/4
#
interface Ethernet0/0/5
 port link-type access
 port default vlan 30
#
interface Ethernet0/0/6
 port link-type access
 port default vlan 40
#
interface Ethernet0/0/7
#
interface Ethernet0/0/8
#
interface Ethernet0/0/9
#
interface Ethernet0/0/10
#
interface Ethernet0/0/11
#
interface Ethernet0/0/12
#
interface Ethernet0/0/13
#
interface Ethernet0/0/14
#
interface Ethernet0/0/15
#
```

```
interface Ethernet0/0/16
#
interface Ethernet0/0/17
#
interface Ethernet0/0/18
#
interface Ethernet0/0/19
#
interface Ethernet0/0/20
#
interface Ethernet0/0/21
#
interface Ethernet0/0/22
#
interface GigabitEthernet0/0/1
 port link-type trunk
 port trunk allow-pass vlan 2 to 4094
#
interface GigabitEthernet0/0/2
#
interface NULL0
#
user-interface con 0
user-interface vty 0 4
#
return
<S6>
```

4）交换机 S7 配置文件

```
<S7>dis cur
#
sysname S7
#
vlan batch 30 40
#
cluster enable
ntdp enable
ndp enable
#
drop illegal-mac alarm
#
diffserv domain default
#
drop-profile default
#
aaa
 authentication-scheme default
 authorization-scheme default
```

```
accounting-scheme default
domain default
domain default_admin
local-user admin password simple admin
local-user admin service-type http
#
interface Vlanif1
#
interface MEth0/0/1
#
interface Ethernet0/0/1
#
interface Ethernet0/0/2
#
interface Ethernet0/0/3
#
interface Ethernet0/0/4
#
interface Ethernet0/0/5
#
interface Ethernet0/0/6
#
interface Ethernet0/0/7
 port link-type access
 port default vlan 30
#
interface Ethernet0/0/8
 port link-type access
 port default vlan 40
#
interface Ethernet0/0/9
#
interface Ethernet0/0/10
#
interface Ethernet0/0/11
#
interface Ethernet0/0/12
#
interface Ethernet0/0/13
#
interface Ethernet0/0/14
#
interface Ethernet0/0/15
#
interface Ethernet0/0/16
#
interface Ethernet0/0/17
#
interface Ethernet0/0/18
```

```
#
interface Ethernet0/0/19
#
interface Ethernet0/0/20
#
interface Ethernet0/0/21
#
interface Ethernet0/0/22
#
interface GigabitEthernet0/0/1
#
interface GigabitEthernet0/0/2
 port link-type trunk
 port trunk allow-pass vlan 2 to 4094
#
interface NULL0
#
user-interface con 0
user-interface vty 0 4
#
return
<S7>
```

5）三层交换机 S2 配置文件

```
<S2>dis cur
#
sysname S2
#
vlan batch 10 20 100
#
cluster enable
ntdp enable
ndp enable
#
drop illegal-mac alarm
#
diffserv domain default
#
drop-profile default
#
aaa
 authentication-scheme default
 authorization-scheme default
 accounting-scheme default
 domain default
 domain default_admin
 local-user admin password simple admin
 local-user admin service-type http
```

```
#
interface Vlanif1
#
interface Vlanif10
 ip address 10.1.10.254 255.255.255.0
#
interface Vlanif20
 ip address 10.1.20.254 255.255.255.0
#
interface Vlanif100
 ip address 10.1.100.2 255.255.255.0
#
interface MEth0/0/1
#
interface GigabitEthernet0/0/1
 port link-type access
 port default vlan 100
#
interface GigabitEthernet0/0/2
 port link-type trunk
 port trunk allow-pass vlan 2 to 4094
#
interface GigabitEthernet0/0/3
 port link-type trunk
 port trunk allow-pass vlan 2 to 4094
#
interface GigabitEthernet0/0/4
#
interface GigabitEthernet0/0/5
#
interface GigabitEthernet0/0/6
#
interface GigabitEthernet0/0/7
#
interface GigabitEthernet0/0/8
#
interface GigabitEthernet0/0/9
#
interface GigabitEthernet0/0/10
#
interface GigabitEthernet0/0/11
#
interface GigabitEthernet0/0/12
#
interface GigabitEthernet0/0/13
#
interface GigabitEthernet0/0/14
#
interface GigabitEthernet0/0/15
```

```
#
interface GigabitEthernet0/0/16
#
interface GigabitEthernet0/0/17
#
interface GigabitEthernet0/0/18
#
interface GigabitEthernet0/0/19
#
interface GigabitEthernet0/0/20
#
interface GigabitEthernet0/0/21
#
interface GigabitEthernet0/0/22
#
interface GigabitEthernet0/0/23
#
interface GigabitEthernet0/0/24
#
interface NULL0
#
ospf 1 router-id 2.2.2.2
 area 0.0.0.0
  network 10.1.10.0 0.0.0.255
  network 10.1.20.0 0.0.0.255
  network 10.1.100.0 0.0.0.255
#
user-interface con 0
user-interface vty 0 4
 user privilege level 2
 set authentication password cipher ,oz78EXJ(1'eKRQqbl+O:(;#
#
return
<S2>
```

6) 三层交换机 S3 配置文件

```
<S3>dis cur
#
sysname S3
#
vlan batch 30 40 200
#
cluster enable
ntdp enable
ndp enable
#
drop illegal-mac alarm
#
```

```
diffserv domain default
#
drop-profile default
#
aaa
 authentication-scheme default
 authorization-scheme default
 accounting-scheme default
 domain default
 domain default_admin
 local-user admin password simple admin
 local-user admin service-type http
#
interface Vlanif1
#
interface Vlanif30
ip address 10.2.30.254 255.255.255.0
#
interface Vlanif40
ip address 10.2.40.254 255.255.255.0
#
interface Vlanif200
ip address 10.2.200.3 255.255.255.0
#
interface MEth0/0/1
#
interface GigabitEthernet0/0/1
#
interface GigabitEthernet0/0/2
 port link-type access
 port default vlan 200
#
interface GigabitEthernet0/0/3
 port link-type trunk
 port trunk allow-pass vlan 2 to 4094
#
interface GigabitEthernet0/0/4
 port link-type trunk
 port trunk allow-pass vlan 2 to 4094
#
interface GigabitEthernet0/0/5
#
interface GigabitEthernet0/0/6
#
interface GigabitEthernet0/0/7
#
interface GigabitEthernet0/0/8
#
interface GigabitEthernet0/0/9
```

```
#
interface GigabitEthernet0/0/10
#
interface GigabitEthernet0/0/11
#
interface GigabitEthernet0/0/12
#
interface GigabitEthernet0/0/13
#
interface GigabitEthernet0/0/14
#
interface GigabitEthernet0/0/15
#
interface GigabitEthernet0/0/16
#
interface GigabitEthernet0/0/17
#
interface GigabitEthernet0/0/18
#
interface GigabitEthernet0/0/19
#
interface GigabitEthernet0/0/20
#
interface GigabitEthernet0/0/21
#
interface GigabitEthernet0/0/22
#
interface GigabitEthernet0/0/23
#
interface GigabitEthernet0/0/24
#
interface NULL0
#
ospf 1 router-id 3.3.3.3
 area 0.0.0.0
  network 10.2.30.0 0.0.0.255
  network 10.2.40.0 0.0.0.255
  network 10.2.200.0 0.0.0.255
#
user-interface con 0
user-interface vty 0 4
 user privilege level 2
 set authentication password cipher D)lVEr*SJ(sPddVIN=17B(|#
#
return
<S3>
```

7）三层交换机 S1 配置文件

```
<S1>dis cur
#
sysname S1
#
vlan batch 100 200 300
#
cluster enable
ntdp enable
ndp enable
#
drop illegal-mac alarm
#
diffserv domain default
#
drop-profile default
#
aaa
 authentication-scheme default
 authorization-scheme default
 accounting-scheme default
 domain default
 domain default_admin
 local-user admin password simple admin
 local-user admin service-type http
#
interface Vlanif1
#
interface Vlanif100
ip address 10.1.100.1 255.255.255.0
#
interface Vlanif200
ip address 10.2.200.1 255.255.255.0
#
interface Vlanif300
ip address 10.0.3.1 255.255.255.0
#
interface MEth0/0/1
#
interface GigabitEthernet0/0/1
 port link-type access
 port default vlan 100
#
interface GigabitEthernet0/0/2
 port link-type access
 port default vlan 200
#
interface GigabitEthernet0/0/3
 port link-type access
```

```
 port default vlan 300
#
interface GigabitEthernet0/0/4
#
interface GigabitEthernet0/0/5
#
interface GigabitEthernet0/0/6
#
interface GigabitEthernet0/0/7
#
interface GigabitEthernet0/0/8
#
interface GigabitEthernet0/0/9
#
interface GigabitEthernet0/0/10
#
interface GigabitEthernet0/0/11
#
interface GigabitEthernet0/0/12
#
interface GigabitEthernet0/0/13
#
interface GigabitEthernet0/0/14
#
interface GigabitEthernet0/0/15
#
interface GigabitEthernet0/0/16
#
interface GigabitEthernet0/0/17
#
interface GigabitEthernet0/0/18
#
interface GigabitEthernet0/0/19
#
interface GigabitEthernet0/0/20
#
interface GigabitEthernet0/0/21
#
interface GigabitEthernet0/0/22
#
interface GigabitEthernet0/0/23
#
interface GigabitEthernet0/0/24
#
interface NULL0
#
ospf 1 router-id 1.1.1.1
 area 0.0.0.0
  network 10.1.100.0 0.0.0.255
```

```
   network 10.2.200.0 0.0.0.255
   network 10.0.3.0 0.0.0.255
#
user-interface con 0
user-interface vty 0 4
 user privilege level 2
 set authentication password cipher Qbg8)WkC58Wq<}.DH-])$'2#
#
port-group link-type
#
return
<S1>
```

8）路由器 R1 配置文件

```
<R1>dis cur
[V200R003C00]
#
sysname R1
#
snmp-agent local-engineid 800007DB03000000000000
snmp-agent
#
 clock timezone China-Standard-Time minus 08:00:00
#
portal local-server load portalpage.zip
#
 drop illegal-mac alarm
#
time-range work-time 09:00 to 17:00 working-day
#
firewall-nat session icmp aging-time 300
#
 set cpu-usage threshold 80 restore 75
#
acl number 2000
 rule 5 deny source 10.1.10.0 0.0.0.255
 rule 10 deny source 10.1.20.0 0.0.0.255 time-range work-time
 rule 15 permit source 10.2.30.0 0.0.0.255
 rule 20 permit source 10.2.40.0 0.0.0.255
 rule 25 permit source 10.1.20.0 0.0.0.255
#
aaa
 authentication-scheme default
 authorization-scheme default
 accounting-scheme default
 domain default
 domain default_admin
 local-user admin password cipher %$%$K8m.Nt84DZ}e#<0`8bmE3Uw}%$%$
```

```
 local-user admin service-type http
#
firewall zone Local
 priority 15
#
nat address-group 1 210.96.100.2 210.96.100.100
#
interface GigabitEthernet0/0/0
 ip address 10.0.3.2 255.255.255.0
#
interface GigabitEthernet0/0/1
 ip address 210.96.100.1 255.255.255.0
 traffic-filter outbound acl 2000
 nat outbound 2000 address-group 1
#
interface GigabitEthernet0/0/2
#
interface NULL0
#
ospf 1 router-id 4.4.4.4
 default-route-advertise
 area 0.0.0.0
  network 10.0.3.0 0.0.0.255
#
ip route-static 0.0.0.0 0.0.0.0 GigabitEthernet0/0/1
#
user-interface con 0
user-interface vty 0 4
 authentication-mode password
 user privilege level 2
 set authentication password cipher %$%$SlU{+B^A&J'4XKSbw'!@,*[aspz9@NxbFELdZ$!~>G:9*[d,%$%$
user-interface vty 16 20
#
wlan ac
#
return
<R1>
```

结　　语

　　本教材结合中国大学 MOOC 在线课程，将最新网络技术融入相关人才培养的教学内容中，通过基础且典型的网络实战项目来帮助读者深入浅出地理解和实践最新高级网络通信技术原理。本教材通过第一部分传统网络技术的学习和实践，帮助读者更加深入地掌握计算机网络基础知识，并锻炼独立进行大中小型园区网络规划设计、部署和运维的能力。通过第二部分软件定义网络技术的学习和实践，完成一系列对网络进行软件定义和虚拟化的项目，帮助读者深入地理解软件定义网络，掌握云网一体化基础，熟悉多种最新网络仿真与虚拟化平台工具的应用，锻炼规划、配置新一代软件定义网络的能力。

　　网络技术发展日新月异，本教材也仅涉及目前部分技术的部分实践项目。对读者的进一步学习发展建议有两方面：一是建议可以在本教材第一部分各个项目学习实践基础上，开始参与实际设计、配置和管理各类各种规模的园区网络工作，同时进一步拓展学习目前在数据中心中使用的各种新技术、新知识，完善自身的网络知识体系，成为全面的高级网络技术人员；二是建议可进一步在新一代网络技术方面加入研究者行列，成为博士生等各类研究者。通过本教材的实践学习，很好地锻炼了读者的网络仿真平台的综合应用和编程等实操能力，这些也是作为网络技术研究者所必须掌握的基础能力，进一步通过延伸阅读各类最新网络技术文献，基于实践平台开展各种创新，这也是网络技术研究者取得相关研究成果的基本途径，本教材在这个过程中能起到学习并实践基础工具平台及相关知识的作用。

参 考 文 献

[1] Tanenbaum A S. Computer Networks[M]. 4th ed. 北京：清华大学出版社，2010.

[2] 谢希仁.计算机网络[M]. 7 版. 北京：电子工业出版社，2017.

[3] 王伟明,董黎刚,诸葛斌,等.转发与控制分离（ForCES）技术及应用[M]. 杭州：浙江大学出版社，2010.

[4] 金蓉,高明,王伟明. 计算机网络实验[M]. 杭州：浙江大学出版社，2012.

[5] 田果,刘丹宁,余建威. 网络基础[M]. 北京：电子工业出版社，2017.

[6] 田果,刘丹宁,韩士良. 路由与交换技术[M]. 北京：电子工业出版社，2017.

[7] 田果,刘丹宁,余建威. 高级网络技术[M]. 北京：电子工业出版社，2017.

[8] 沈宁国,于斌. 园区网络架构与技术[M]. 北京：人民邮电出版社，2019.

[9] 盛成. SD-WAN 架构与技术[M]. 北京：人民邮电出版社，2020.

[10] 程丽明. SDN 环境部署与 OpenDayLight 开发入门[M]. 北京：清华大学出版社，2018.

[11] 华为（中国）官方网站. http://www.huawei.com/cn.

[12] 华为信息与网络技术学院官方网站. https://www.huaweiacad.com.

[13] SDNLAB. https://www.sdnlab.com/.

[14] OvS 网站. http://www.openvswitch.org/.

[15] Open vSwitch 系列. https://www.cnblogs.com/goldsunshine/tag/SDN/.

[16] OpenDayLight 网站. https://www.opendaylight.org/.

[17] Benzekki K，El F A，Elbelrhiti E A. Software-defined networking (SDN)：A survey[J].Security & Communication Networks，2016，9(18)：5803-5833.

[18] Agouros K. Real Live SDN with OpenFlow：Where does it make sense in the datacentre[J].PIK：Praxis der Informationsverarbeitung und Kommunikation，2016，39(1a2).

[19] Evangelos H，Jamal H S，Joel M H，et al. Network Programmability With ForCES[J]. Communications surveys & tutorials，2015，17(3)：1423-1440.

[20] Wang W M，Dong L G，Zhuge B. Analysis and Implementation of an Open Programmable Router Based on Forwarding and Control Element Separation [J]. Journal of Computer Science & Technology，2008，23(005)：769-779.

[21] Yang L，Dantu R，Anderson T，et al. Forwarding and Control Element Separation（ForCES）Framework[J]. https://datatracker.ietf.org/doc/rfc3746/，2004.

[22] Wang W，Haleplidis E，Ogawa K，et al. Forwarding and Control Element Separation（ForCES）Logical Function Block (LFB) Library[J]. https://datatracker.ietf.org/doc/rfc6956/，2013.

[23] Doria A，Hadi S J，Haas R，et al.Forwarding and Control Element Separation（ForCES）Protocol Specification[J]. https://datatracker.ietf.org/doc/rfc5810/，2010.

[24] Wang W，Ogawa K，Haleplidis E，et al.Interoperability Report for Forwarding and Control Element Separation（ForCES）[J]. https://datatracker.ietf.org/doc/rfc6984/，2013.

[25] Haleplidis E，Ogawa K，Wang W，et al.Implementation Report for Forwarding and Control Element Separation（ForCES）[J]. https://datatracker.ietf.org/doc/rfc6053/，2010.

[26] Ogawa K，Wang W，Haleplidis E，et al. High Availability within a Forwarding and Control Element Separation（ForCES）Network Element[J]. https://datatracker.ietf.org/doc/rfc7121/，2014.

[27] 李传煌,陈泱婷,唐晶晶,等.QL-STCT：一种 SDN 链路故障智能路由收敛方法[J].通信学报，2022

(002):043.
[28] 李传煌,吴艳,钱正哲,等.SDN下基于深度学习混合模型的DDoS攻击检测与防御[J].通信学报,2018,39(7):12.
[29] 李传煌,任云方,汤中运,等.SDN中服务部署的拟态防御方法[J].通信学报,2018,39(A02):10.
[30] Li C,Wu Y,Yuan X,et al.Detection and defense of DDoS attack-based on deep learning in OpenFlow-based SDN[J].International Journal of Communication Systems,2018,31(5):e3497.

图书资源支持

感谢您一直以来对清华版图书的支持和爱护。为了配合本书的使用,本书提供配套的资源,有需求的读者请扫描下方的"书圈"微信公众号二维码,在图书专区下载,也可以拨打电话或发送电子邮件咨询。

如果您在使用本书的过程中遇到了什么问题,或者有相关图书出版计划,也请您发邮件告诉我们,以便我们更好地为您服务。

我们的联系方式:

清华大学出版社计算机与信息分社网站:https://www.shuimushuhui.com/

地　　址:北京市海淀区双清路学研大厦 A 座 714

邮　　编:100084

电　　话:010-83470236　　010-83470237

客服邮箱:2301891038@qq.com

QQ:2301891038(请写明您的单位和姓名)

资源下载:关注公众号"书圈"下载配套资源。

书 圈

清华计算机学堂

观看课程直播